科学原来如此

哦，窥探动物的秘密

于启斋 编著

上海科学普及出版社

图书在版编目（ＣＩＰ）数据

哦，窥探动物的秘密 / 于启斋编著 . — 上海：上海科学普及出版社，2016.8（2022.10重印）

ISBN 978-7-5427-6745-5

（科学原来如此）

Ⅰ.①哦… Ⅱ.①于… Ⅲ.①动物－少儿读物 Ⅳ.① Q95-49

中国版本图书馆 CIP 数据核字 (2016) 第 138345 号

责任编辑　刘湘雯

科学原来如此

哦，窥探动物的秘密

于启斋 编著

上海科学普及出版社出版发行

（上海中山北路 832 号 邮编 200070）

http://www.pspsh.com

各地新华书店经销　三河市祥达印刷包装有限公司印刷

开本 787×1092　1/16　印张 10　字数 200 000

2016 年 8 月第 1 版　2022 年 10 月第 2 次印刷

ISBN 978-7-5427-6745-5　定价：35.80 元

目录
contents

1

蟹长到一定程度
为什么要脱壳?

蟹的全身"披"有坚固的"外衣"（叫做外骨骼，也叫甲壳），好像古代勇士穿着盔甲一般。再加上它那擎起的两个锐利无比的大螯，所以显得十分威武。

蟹和虾都属于节肢动物的甲壳纲。身外披有甲壳，这是甲壳纲的主要特征之一。人们通过研究发现，甲壳的组成还很有意思呢！它是由表皮细胞分泌的几丁质形成的。由于甲壳内含有钠盐，所以特别坚硬而有力，同时也具有耐碱、耐酸的功能。蟹的甲壳还有一个突出的特点，就是一经分泌形成，便永不长大，恰如金甲裹身，束缚着内部器官的生长发育。若要再度长大，那就非脱去旧衣，更换一套新装不可。所以蟹类和有些昆虫一样，都要脱壳才能长大。

你千万别认为，蟹脱壳是一件轻而易举的事。其实，这种以旧换新的过程是相当痛苦的。现在，让我们看一看蟹是怎样脱壳的吧。一开始，它表现得异常不安，忽而跳跳蹦蹦，忽而探动触角，有时又显得十分凶猛，与同类相互争斗、互相残杀。后来，它的各肢脚爪间膨胀起来，甲壳和表皮已经分离，里面的肉体也从背面的中央裂缝中慢慢地钻出来，触角、

1

口器和脚也相继离体，露出一个洁白娇嫩的裸体。裸着身体的蟹，需要躺在河底或穴中一两天，才能重新形成新的外衣——坚硬的甲壳。

蟹在脱壳时，不仅失去了抵抗能力，而且在生理上也失去了常态。它藏在耳窝中的耳石和眼上的角膜也一并脱去，所以这阶段它是又瞎又聋，全身失去平衡，举步难行。有趣的是，蟹在脱去外壳的同时，它肠中的内皮也要去旧换新，此时它像患了严重的肠炎病一样，既不能行动，又不能吃食，一旦遇敌侵犯，只好束手待毙。蟹的脱壳确实是一种危险的闯关。

蟹在脱壳的时候，全身各细胞、各个组织都在加速地生长，所以每脱一次壳，它的身体便增大一些。在蟹的一生中，年幼的个体生长旺盛，脱壳的次数因而也多，成长后，次数便相对减少了。

螃蟹走路时为什么要横行？

悄悄告诉你

不知道大家观察过螃蟹走路没有？螃蟹走路的姿势与众不同，它不是向前走，而是横着走的。这是怎么回事呀？

螃蟹的头部和腹部愈合在一起，被称为头胸部。螃蟹两侧各长有五只足，第一对足是很大的夹子，被称为螯足，作用是可以挖洞穴居，还可作为防御和进攻的武器，另外，螯足可以夹取食物或攻击对方。螃蟹每一侧的步足是用来走路的。螃蟹的每只步足都由七节组成，关节只能上下弯曲，不能左右弯曲。在一般情况下，螃蟹头胸部的宽度大于其长度，因而它在爬行时只能是一侧步足上下弯曲，用足尖紧紧地抓住地面，而另一侧步足向外伸长、伸展，当足尖够到远处地面时便开始收缩步足，原先弯曲的一侧步足马上就伸直了，从而将身体推向相反的一侧，身体就这样前进了一步。因为这几对步足的长度是不同的，所以螃蟹实际上是向侧前方前进的，也就是说，螃蟹是横行的。

此外，由于同侧几对步足都是前长后短，遇到障碍物时也只能拐弯绕过去，往往一个劲地沿着障碍物向着一个方向爬行。

3

为什么淡水鱼不淡，海水鱼不咸？

　　鱼是终生在水中生活的动物，有的游动在淡水里，有的遨游于海水中，但淡水鱼为什么不淡，海水鱼为什么不咸呢？这的确是个有趣的问题。

　　其实，淡水鱼体内的盐分不低，竟高于淡水。在这样的环境下，由于渗透作用，外界的水会不断地进入鱼体内，过多的水分会迫使鱼的肾脏加紧工作，从而以尿液的形式排出大量的水分。还有，鱼鳃上有吸盐细胞，它的作用是将水中的盐分吸收到血液中以增加盐分，这样，鱼体内部的水分和盐分就能保持平衡。虽然淡水鱼生活在淡水中，但其体内的盐分不低。

　　海水中含有较多的金属离子，盐分相对较高，浓度要比鱼体内的盐分高得多，这样的环境会导致海水鱼体内的水分不断地丧失。面对这种情况，鱼体会有脱水的趋势，这对鱼的生存十分不利。海水鱼是怎么应对这样的环境呢？

　　原来，海水鱼拥有根据自身的需要从海水中吸收某些离子的能耐。鱼体的细胞有类似半透膜的作用，能够和环境进行物质交换和渗透调节，

多数海洋动物与海水是等渗压的，只有鱼体自身所需要的离子才可以进入鱼体，其他不需要的离子则不能通过。海水中的某些离子含量虽然很高，但鱼体不需要，这些离子也不能大量被吸收进来。有些离子在海水中的含量虽低，但鱼体却非常需要，因而鱼体吸收得就相对多。例如，海水中的氯离子和钠离子含量虽高，对海水鱼类来说，鱼体所需的并不太多，因而在鱼体内的含量就很少。

另外，海水鱼类为了维持体内水分和盐类的平衡，会不停地吞饮大量的海水，利用鳃上的泌盐细胞排除过度的盐类，这样就可以减少因排尿而丧失的水分。因此，海水鱼体液的正常浓度不受海水的影响，所以它不咸。

总之，鱼类不论是生活在淡水中还是海水中，自身的结构同周围环境总能配合默契，使体内无机盐的浓度始终处于正常的水平，所以淡水鱼不淡，海水鱼不咸。

拍拍脑袋想一想

你知道世上哪种鱼最大？

提起鱼，大家应该比较熟悉，即使没有见过海水鱼，也应该见到过淡水鱼。那么，你知道哪种鱼最大吗？

说起来，最大的鱼当属鲸鲨了。通常，鲸鲨的体长在 10 米左右，最大个体体长达 20 米，体重 10～15 吨，相当于四层楼那么高。当鲸鲨捕食时，它会游到水面附近，张开大嘴，海水与海中的小生物便一起涌进它的口中。然后它闭上嘴巴，对嘴巴施压，水就会从鱼鳃的后缘中排出，而小生物就留在口中成了它的"口中餐"。鲸鲨主要是以动物性浮游生物、甲壳类、乌贼等为食。鲸鲨分布于温带及热带海域的沿岸或外洋，喜欢在海面表层巡游，性情也较为温和。

悄悄告诉你

青蛙是怎么
捕食害虫的?

在田野里、水沟边，如果有一只昆虫飞过，青蛙便能准确无误地把它捉住，吞入腹中。那么，青蛙是怎么捕食害虫的呢?

原来，青蛙捕捉害虫的办法主要有两种。一种是翻舌取食的方式。青蛙的舌头和人类的舌头构造不同，人的舌头后端固定，前端可以自由活动。青蛙的舌头却是前端固定不动，后端能够自由翻转。因此，当昆

7

虫飞过青蛙头部的前方时，它能迅速地把舌头翻转出来，靠舌头上的黏液把昆虫粘住，当舌头缩回口中时，再把食物送入腹中。另一种方法是跳跃取食的方式，当昆虫在青蛙旁边出现时，青蛙肌肉发达有力的后肢就用力地跳起来，马上张嘴含住昆虫，将它吞咽下去。青蛙交替使用这两种捕食方法，成了响当当的消灭害虫能手。

据统计，一只青蛙每天大约能够吃70条害虫，从春季到秋季的6～7个月中，一只青蛙可以消灭15 000多条害虫，无愧于"灭虫能手"的称号。人类应该很好地保护青蛙！

青蛙傻了，怎么自动跳进蛇的嘴里啊？

青蛙扬起头在寻找着食物。蛇已经发现了前面有一只青蛙。蛇放慢爬行速度，暗暗地向青蛙靠近。当蛇头距离青蛙只有30多厘米时，蛇就会悄悄地抬起头来，不断把带叉的舌头吐出嘴外。青蛙像是发现了什么，两只大眼睛死盯着蛇的头部，蛇吐了一下舌头，刹那间，青蛙跳起直奔蛇的头部而去，并伸出了长舌去粘蛇的舌头。蛇以迅雷不及掩耳之势张开大嘴向上一接，将自投罗网的青蛙吞进口中，并昂起头来，不费吹灰之力地将青蛙吞进肚子里，然后心满意足地离开了。

青蛙怎么这么傻，竟会自己跳到蛇的嘴里送死？难道是要自杀？请不要冤枉青蛙，因为青蛙的眼睛善于看闪动的东西，不善于看静止不动的东西，当它遇到吐着舌头的蛇时，误认为蛇的舌头是飞虫，就会跳起来捕食，不料正好跳进了蛇的嘴里，结果因捕食断送了性命。

悄悄告诉你

蛇为什么能够吞下比自己的头部还**大**的动物？

蛇的能耐很大，能吞下比自己的头部大十几倍的动物，真是了不得。

原来，蛇的头部有与开合有关的骨骼。

首先，蛇的下颌可以向下张得很大，因为它的头部连接下颌的几块骨头是可以活动的，不像其他动物那样是固定不动的。蛇的口可以张大到 130°，甚至到 180°，所以它可以吞下更大的食物。

其次，蛇的嘴巴左右下巴颏之间的骨头也很特殊，连接着可以活动

9

的榫头，左右以韧带相连，还可以向两侧张开，扩大整个吞咽的范围，因此蛇的嘴巴不但上下可以张得很大，而且可以左右张开且不受限制，比蛇嘴粗大的食物都可以被蛇轻而易举地吞下。

再次，蛇在吞下食物之前，还要将口腔中的动物反复挤压，然后弄成长条；吞咽时在弯状牙齿的"押送"下，将食物死死地送到喉头，动物想要逃出"虎口"是门儿都没有。而蛇的胸部又由于没有固定肋骨的胸骨，肋骨不受胸骨的限制，可以自由地活动，所以从喉部下咽的食物，可以长驱直入顺利地进入它的消化道，最后被彻底消化掉。

还有，蛇的口腔能够分泌出大量的唾液，就像添加了吞咽"润滑油"一般。诸多有利因素组合，使蛇可以吞下比它的身体还粗、头部还要大的动物。

蛇为什么要不停地吐舌头？

蛇的舌头总是在口中出出进进，它这是在干什么呀？

蛇伸出舌头的秘密在于，在蛇关闭的上下颌骨之间，其实还有一条缝隙，蛇的舌头能够在这个缝隙之间伸缩自如。在我们看来，蛇那柔软的舌头十分恐怖。

蛇不停地伸出舌头是有其生理意义的。不停地伸舌头，可以帮助它来闻味道，就像我们人用鼻子闻味道一样。蛇的舌头是细长且分叉的，不像人类的舌头那样可以辨别味道，而是根本不会品尝任何食物的味道。由于蛇的味觉器官长在嘴里，也伸不出来，所以就靠舌头伸出来把食物的气味粘在舌头上，再把舌头收回送进嘴里，靠味觉器官进行辨别。如果遇到老鼠、野兔等一些小动物，蛇就会迅速地扑上去，一口把它们吞掉。因此，蛇的舌头伸出来，是为了帮助其闻味，找到要吃的食物。

蛇的食性很广，黄鳝、泥鳅、青蛙、小杂鱼、老鼠、小鸟、鸡雏、鸡蛋、昆虫等，都是蛇喜欢的食物。

悄悄告诉你

11

眼镜蛇为什么
会随乐起舞？

印度自古以来，就有人专门将捕捉到的眼镜蛇拔去毒牙。舞蛇人以眼镜蛇作招，嘴里念念有词，借以招引过路的行人来观看。

舞蛇人盘腿坐着，用笛子吹出奇怪的曲调，过一会儿，便把盛有眼镜蛇的竹笼盖子打开。眼镜蛇这时会把头伸出笼外，颈部突然胀大，眼镜状的不同颜色的环纹显示得更加清楚，十分恐怖。

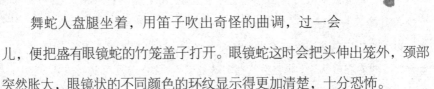

这时，舞蛇人就会像中了邪一样，身体不停地左右摇动，用尽气力吹奏笛子。眼镜蛇的头部也随着摇摆，看上去像懂得音乐似的，能够随着音乐的曲调舞蹈。表面上看来，眼镜蛇的舞蹈与音乐配合得十分默契。

奇怪，难道眼镜蛇真的懂音乐吗？

原来，眼镜蛇并不懂什么音乐，只是因为受到尖锐声音的刺激，便昂首发怒，膨胀起颈部，注视着舞蛇人，随着舞蛇人身体的左右摇动，而摇摆着它的头部，想趁机咬他一口，从而让人产生了蛇懂音乐的错觉。

在电影里，有些镜头故意把蛇、虎、狮子等动物描绘得能随着音乐的节奏进行跳跃和行走，实际上只是人们随着它们的动作，特意把音乐配上去的，是音乐适应了动物的动作。所以，眼镜蛇不会随乐而舞，而是音乐随着眼镜蛇的舞蹈而起乐的。

拍拍脑袋想一想

白蛇是怎样产生的呢？

悄悄告诉你

据目前所知，我国所发现的白蛇，一般是由同种的普通蛇转化而来的白化个体。普通的蛇在两种情况下可能转变为白蛇，一种是由于蛇的遗传基因发生突变而出现的白化个体；另一种情况是由于环境因素的影响，使蛇的体色发生了变化。

蛇的皮肤里有许多色素细胞，使蛇体呈现出不同的颜色。科学家研究认为：这些色素是由蛇体内的一些种类的色素酶控制的。如果环境因素改变，使蛇体内那些控制色素的酶的种类和数量发生了变化，蛇很可能就会改变体色；如果色素消失，蛇就会变为白色的。蛇的体色一旦发生变化，一般不会再改变，要保持一段时间甚至到老都不再变化。因此，自然界中就有了白蛇。

有趣的是，白蛇的眼睛与一般白化动物一样，是微红色的，这是因为色素消失后露出血液的颜色的缘故。白蛇一般是白化个体，同人类的白化病差不多，与遗传和环境因素有关，所以这没有什么可大惊小怪的。

为什么龟的
寿命特别长？

在动物世界里，寿命最长的应该首推龟了，所以龟有"老寿星"的称号。

那么，龟的寿命究竟有多长呢？

1984年，河南省南阳市展出的一只乌龟，体重194千克，据科学家研究测定，它的年龄已达1050岁。这只龟的四足已变成了翅膀状，它的游泳速度极快，但有点老态龙钟了。

美国一家动物园里有一只乌龟，从15世纪开始便处于半眠半醒状态，至今已活了400年。

韩国的渔民曾在沿海抓住一只海龟，它长1.5米，重90千克，背甲上附着许多牡蛎和苔藓，估计寿命为700岁。

那么，龟长寿的秘密在哪里？

科学家们试图从龟的生活习性、生理机能等诸多方面进行相关的研究，龟的长寿之谜已经初露端倪。

根据动物学家和养龟专家的观察和研究，以植物为生的龟类的寿命，一般要比吃肉和杂食的龟类的寿命来得长。譬如，生活在太平洋和印度

洋热带岛屿上的家龟，以青草、野果和仙人掌为食，它们的寿命特别长，可活 300 岁。

15

　　另外，龟有着与众不同的身体结构和生理机能。乌龟有一副坚硬的甲壳，使其头、腹、四肢和尾部都能得到很好的保护，免受外界的伤害。同时，乌龟还有嗜睡的习性，它一年要睡 10 个月左右，既要冬眠又要夏眠，这样，它的新陈代谢就显得更为缓慢，能量消耗极少。

　　据科学家研究发现，在人和动物的细胞中，有一种关于细胞分裂的"时钟"，它限制了细胞繁殖的代次及其生存的年限。人的胚肺纤维细胞在体外培养到 50 代时，就再难以往下延续了，而乌龟可以达到 110 代。这说明，龟细胞繁殖代数的多少，同龟寿命的长短有密切的关系。

　　动物学家和医学家检查了龟类的心脏机能后发现，龟的心脏取出离体后，竟然还能跳动 24 小时之久。这说明龟的心脏具有自动收缩的能力，

机能较强，这对龟的长寿起了重要的作用。

科学家认为，龟的长寿与它的呼吸方式也有关系。龟因没有肋间肌，所以在呼吸时，必须用口腔下方一上一下地运动，才能将空气吸入口腔，并压送至肺部。同时，它在呼吸时，头和足一伸一缩，肺也就一张一缩，这种特殊的呼吸动作，也是龟得以长寿的原因之一。

科学家还认为，龟类是一种用来研究人类长寿的极好的动物模型。因此，进一步揭开龟长寿的奥秘，对研究人类的健康长寿将有很大的启示。

拍拍脑袋想一想

乌龟壳可以脱掉吗？

知道蝉会脱壳，那么乌龟有壳，是不是也会脱壳呢？蝉是昆虫，而乌龟是爬行动物，与蝉有着完全不同的身体结构。

蝉属于无脊椎动物，身体没有脊柱。而乌龟是脊柱动物，身体从头到尾有一根脊柱，在身体的中部膨大的部分，是由脊柱和相当于人类的肋骨组成的，它们是紧紧地联系在一起的，这就是乌龟的骨骼。乌龟骨骼的上面长着大量的肌肉，骨头和肌肉是联系在一起的。因此，乌龟的壳是万万动不得的。如果要强行给乌龟"脱"壳的话，那就相当于要杀死乌龟了。

悄悄告诉你

鸭子为什么能耐寒？

北风肆虐，天寒地冻，在湖水中游弋的鸭子却精神抖擞，欢快地在水中嬉戏，时而把头潜入水中啄食，时而抖着翅膀嘎嘎地高叫几声。

鸭子为什么在冰水中会如此轻松自如地游泳，而没有感到丝毫的寒意呢？

原来，鸭子的身上长满了浓密而又涂抹了油脂的羽毛，里面藏有大量的空气，起到了良好的隔热作用。就像我们在冬天穿鸭绒衣、盖鸭绒被会觉得特别暖和，就是这个原因。

还有，鸭子用喙（嘴巴）将尾部的皮脂腺中的皮脂挤出，涂抹到羽毛上，这样使水不能浸入，也起到了保暖作用。

另外，鸭子的皮下积蓄着一层厚厚的脂肪，能防止体内热量的散发，也能起到御寒的作用。

对此，可能有的人还要问，鸭子赤裸的脚爪泡在冰冷的水中，难道冻不坏吗？鸭子体内的热量会不会从这些裸露的部分大量地散失，从而引起体温的变化呢？

对于这一问题，动物学家也曾怀疑过，他们通过研究，终于揭开了这个奥秘。原来，在恒温动物中，被体温"预热"的富含氧气的动脉血在心脏的收缩与舒张下，经动脉及其众多的支动脉运送到全身；然后，

通过毛细血管在组织细胞间同细胞进行物质和气体的交换，这时，降了温的"用过了"的静脉血再向心脏的方向流动，首先进入小静脉，并逐渐汇成大静脉，最后流回心脏。在这种网状结构中，动脉血管和静脉血管紧紧地交织在一起，当温度较高的动脉血流经这种动、静脉网时，动脉血和静脉血之间进行了热的交换。于是，动脉血所携带的热量大部分被传递给了静脉血，由静脉血带回心脏，继续参与血液的循环，只有一小部分热量用在了维持足部温度的消耗上，从而使裸露的部分不至于因严寒而冻伤。

鸭子正是由于具备了以上这些特点，所以在气温较低的情况下，仍能在湖中活动自如，它真不愧为动物界御寒的佼佼者。

鸭子是恒温动物，通常体温保持在 42℃左右。加上鸭子腿部胫骨和附跖骨里的骨髓的凝固点很低，即使长期待在冰水里，它的脚也不会被冻僵。

这样，每当早春江河刚刚解冻、寒意尚未消尽时，鸭子便迫不及待地跃入水中嬉戏畅游。水温回升的每一点变化，鸭子都能敏感地觉察到，真是"春江水暖鸭先知"啊。

拍拍脑袋想一想

鸭子为什么会游泳？

鸭子的身子是扁扁的，像只小船。它的脚趾是连在一起的，中间的皮叫蹼，使鸭子的脚像船桨一样，可以在水里划来划去。鸭子尾巴尖上有皮脂腺，能分泌皮脂。鸭子用喙将尾部皮脂腺的油脂涂抹在羽毛上，这样，羽毛就不会沾水了。鸭子的脚蹼推动水流，使它可以在水中轻快地游泳，如同船桨推动船艇前行一样。

悄悄告诉你

19

大雁为什么
要排队飞行？

当大雁在天空飞过的时候，我们常常看到大雁排列成整齐的"人"字形或"一"字形队伍飞行。奇怪，大雁为什么要排队飞行呢？

因为这种队形最省力气。大雁在飞行时，除了要扇动翅膀外，主要是要利用上升的气流在空中滑行，从而节省体力，以利于长途飞行。雁群中，在前面领头的是有经验的老雁，它的翅膀在空中划过时，翅尖上会产生一股微弱的上升气流，后面的雁为了利用这股气流，就紧跟在前面的大雁的翅尖后面飞。这样一只接着一只，就排列成整齐的雁队了。

在飞行中，幼雁大都插在队伍的中间，这样不仅可以受到保护，还能在老雁的诱导与指引下，获得定向的本领。

21

另外，排列成队形飞行，还有利于雁群对敌害的防御。在遇到敌害时可以迅速散开，而不至于你碰我、我碰你。它们一边飞行，一边"嘎嘎"地呼叫，以互相照顾，并呼唤落伍的孤雁。

领头雁具有先天性的定向感觉，不会偏离固定的迁徙路线，避免使整个雁群迷路。

大雁的飞行速度很快，每小时能够飞行 69 ~ 90 千米，它们旅行的时间大约要 1 ~ 2 个月，可见，大雁迁徙的距离很长。

大雁停下来找寻食物时警惕性很高，总有一只老雁来担任哨兵，一旦有敌情，就会"嘎嘎"地发出报警声，雁群就会马上起飞，迅速逃离危险的地方。如果孤雁南飞，就有被敌害吃掉的危险。所以，成群迁徙、共同防御才是上策。

拍拍脑袋想一想

空中的大雁一般是什么时间飞过，飞到哪里去呢？

大雁是一种候鸟，老家在西伯利亚一带，因为那里的夏季日照时间长，食物丰富，非常适合哺育幼雏，大雁总是在故乡繁殖后代。到了冬季，那里一片冰天雪地，食物减少，它们便成群结队飞向比较温暖的南方。

悄悄告诉你

22

为什么**孔雀**
会开屏？

春光明媚的三四月间，如果你到动物园里观赏孔雀的话，有时会看到孔雀开屏。孔雀展开的羽毛看上去像是张开的彩色的羽毛扇子，十分漂亮。孔雀为什么要开屏呢？

孔雀开屏是雄性孔雀对雌性孔雀的一种炫耀。有时，雄孔雀还会抖动着翅膀，围着雌孔雀转圈，以讨好雌孔雀，这是在向雌孔雀说"我爱你"，是一种求偶的表现。

23

一旦遇到敌人又来不及逃避时，孔雀也会突然开屏，然后抖动着使其"沙沙"作响，很多的眼状斑羽毛便随之舞动起来，敌人畏惧于这种"多眼怪兽"，也就不敢贸然进攻了。如果遇到大红大绿的颜色或是吵闹声的刺激时，孔雀为了保护自己也会开屏。

当然，雌孔雀也会开屏，但它的尾屏极为普通，因为它负有孵卵的重任，所以尽量以少开屏为宜，华丽的尾羽对孵卵也没有什么作用。

孔雀开屏是为了求偶、防御等。所以说，孔雀开屏既是一种生殖行为，也是一种防御行为。

为什么雄孔雀比雌孔雀漂亮？

鸟类是地球上唯一具有羽毛的动物，尤其是孔雀，它具有异常华丽的羽毛，是最美丽的观赏鸟，被称为"百鸟之王"。

雄孔雀一般体长 1 米左右，而它的尾巴竟长达 1.5 米。当它抖起尾屏时，会呈现出鲜艳的金属蓝、绿色，十分好看。

每到繁殖求偶的季节，雄孔雀就披着美丽的羽毛，在雌孔雀面前跳起孔雀舞来。它将尾屏下面五彩缤纷、色彩艳丽的羽毛竖起，使其直立、向前；当求偶表演达到高潮时，尾羽摇曳、闪烁发光，并发出阵阵的声响，以此打动雌孔雀。再看雌孔雀，它的外形则很平淡，不仅体积小于雄孔雀，体羽绿、褐色相间，更为重要的是它既无尾屏，又没有冠羽。

显然，雄孔雀要比雌孔雀漂亮得多。这是怎么回事呀？

雄孔雀展示漂亮硕大的尾屏，是证明自己身体健康，营养良好，与雌性孔雀结合应该可以达到双赢的目的。

有一点不容忽视，那就是不仅是孔雀，大多数的鸟类都是雄性比雌性漂亮。因为雌性要承担孵卵育雏的重任，为不引起其他动物的注意，尤其是敌害的注意，色彩还是以低调、沉稳为好，免得艳丽"招风"，给后代带来灭顶之灾。

悄悄告诉你

25

鸡怎么吃很硬
的沙子和小石子？

　　鸡爱吃稻谷和麦粒，怎么还吃沙子和小石子？换成是我们自己，可万万不敢吃这些东西，否则小命都难保。

　　世界无奇不有，动物也是各有各的爱好，各种动物的吃喝各有其自身的套路。只要你留心观察就会发现，鸡在寻觅食物时很有意思。

　　一只大公鸡带领着一群母鸡在觅食，它们东找找，西瞧瞧，仔细寻找食物。忽然，一只大公鸡发现了食物，便急忙对最心爱的母鸡发出"咕咕，咕咕"的叫声，似乎在说："亲爱的，快来吧，这里有食物吃！"母鸡听到公鸡的叫声，会急忙地向公鸡跑去。当然，其他不识相的母鸡也跑来了，公鸡会驱赶它不喜欢的母鸡。面对喜欢的母鸡没有吃的时候，公鸡还会嘴巴朝着食物，不停地伸缩脖子，同时头会一起一落的，急促地发出"咕咕，咕咕"的叫声，再催促母鸡吃下，公鸡却不舍得吃。这个场面多么有意思呀！只是，现在成群的鸡，由公鸡带队一起出来觅食的活动场面太少了，如果你能看到，应该是很有运气了。

鸡除了找食物吃外，还会找一些沙子或小石子吃。你可能会感到不可思议，鸡这是怎么啦？为何会吃这些东西呢？

请你改变一下思维的方式，不要以人类的标准去判断鸡。大家知道鸡是没有牙齿的，吃东西的时候没有办法咀嚼，只能囫囵吞枣般地把食物吞下去。这样怎么消化呢？

其实，鸡同鸟类一样，有着独特的消化方式。

鸡消化食物的结构由嘴（喙）、口腔、嗉囊、腺胃、肌胃（砂囊）、十二指肠、空肠、回肠、盲肠、结肠等组成。鸡的消化管比较短，但对食物消化、吸收却很快。

鸡口腔中的唾液腺不发达，能分泌含少量淀粉酶的酸性黏液，但消化作用不大，只能起到润湿食物，便于吞咽的作用。嗉囊是一个紧贴皮肤和肌肉的囊状袋子，可贮存、湿润、软化食物。一头粗一头细管状结构的腺胃，容积小但壁厚，最里面的黏膜层有腺体，可以分泌含有蛋白酶和盐酸的胃液，对食物主要起到浸润软化的作用。食物进入到了肌胃，肌胃像一个椭圆形的盒子，也就是鸡胗，它有着发达的肌肉组织，内有黄色皱褶的摩擦面，相当耐磨。当食物进入肌胃后，就会和事先吃进去的沙子或小石子混合在一起。在肌胃的蠕动下，挤呀，磨呀，砂石的棱角摩擦着食物，经过这样残酷的"折磨"，咦，食物就乖乖地就范了，终于变成小的碎糊了，接着就进入了小肠。来自腺胃的蛋白酶对食物中的蛋白质进行分解。胰腺、肝脏、肠腺等中的消化

腺分泌的消化液同时也都进到了小肠，在这里进行着消化和吸收的复杂工作。这时，营养物质被吸收到小肠的毛细血管里，不能消化的食物残渣通过泄殖腔排到体外。

　　哈哈，现在大家明白了吧，鸡吃沙子或小石子，是为了在肌胃里把食物磨碎，起着牙齿一般的作用；否则，鸡吃进去的食物就不容易消化。唉，这都是鸡没有牙齿惹的"祸"。如果鸡也长有牙齿该多好，就不用那么专心吃沙子或石子了。

拍拍脑袋想一想

除鸟类吃砂子和小石子外，还有哪些动物吃石子和泥土呢？

嘿嘿，野猪会吃泥土，大象会吃泥土，犀牛和羚羊也会吃泥土，大象还会用象牙敲击着旁边岩石上的泥土。难道它们都有问题吗？干吗要吃这些玩意儿？原来，泥土里富含钾、石灰、矾土、氧化铁、氧化镁、碳酸钠、硫酸盐等，还含有微生物，能够分泌多种酶。这样，动物不仅得到了多种矿物质，还能利用里面所含的微生物促进食物的消化。

另外，鳄鱼也会吞食石块。原来，鳄鱼也是用石块来磨碎猎获物的骨头和硬物的，因为鳄鱼的胃柔软，如果没有石块，它甚至连蜗牛那脆弱的壳都不能破坏。

科学家发现，恐龙也会吞吃石块。恐龙专家在以植物为食的小型鹦鹉嘴龙的化石骨架中，找到了百余颗小石子，又在吃植物的巨型腕龙的化石体内和身旁发现了成堆的石块。植物主要是由纤维素和木质素构成，大多数草食性恐龙的牙齿又都较脆弱、细长，这样，它们吃进去的食物就靠胃的蠕动和吞进胃里的石子进行搅拌，那些坚硬的针叶和松果会被磨碎，变成糊状，最后才能被消化吸收。

鸵鸟没有牙齿，所以拥有不同寻常的胃。它能够吞下大量的小石子，在胃里用小石子来帮助磨碎食物，以便消化。这些小石子不会被排出去，会被留在胃里。

悄悄告诉你

29

公鸡打鸣为哪般？

哦，你可能很熟悉公鸡的打鸣声了。"勾勾——喽！""勾勾——喽！"这声音太与众不同了。过去，人们可以根据公鸡报晓来判断时间。

不过，公鸡为什么要打鸣，打鸣又说明什么问题呀？

公鸡"勾勾——喽"这么一叫，是向母鸡说明，我是一个堂堂的"美男子"，是你的"梦中情人"，请你不要走远，更不能走到别的公鸡那里。哦，原来叫声里面暗藏玄机。

公鸡的叫声同时还是在作"主权宣告"：一是我的地盘我做主，我有着至高无上的地位，不要不尊重我；二是别的公鸡要识相点，这里是我的地盘，有我在，不要打我家眷的主意。

那么，公鸡打鸣的生理基础是什么呢？

原来，除了猫头鹰、鸮等少数鸟类外，其他的鸟在夜间都是看不到东西的，是夜盲，到了晚间都不敢活动。公鸡也是如此，它到了晚上就看不清东西了，非常担心受到攻击，所以一到夜晚就会感到不安。

鸡一般在夜里都会睡觉。它的大脑里有个"松果体"，长在大脑和小脑之间，是一个类似松果形状的小内分泌器官。松果体夜间会分泌出一种褪黑激素，来抑制鸡的活动。如果给鸡身上"植入"装有褪黑激素的胶囊，鸡就入睡了。

而光线能使松果体发生相关的变化，促使"生物钟"正常"摆动"。正是这种奇妙的可记忆明与暗的规律的"生物钟"，来指挥着公鸡的日常生理活动。天快亮了，公鸡就放声"勾勾——喽"；天快黑了，它就赶快去宿窝，免得被敌害吃掉。

公鸡在白天大概每小时打鸣一次，只不过是因为早上那第一声鸣叫划破了黎明的宁静，临近的公鸡会接力下去，给人留下深刻的印象。

拍拍脑袋想一想

打鸣并不是公鸡的专利，你知道母鸡有时也会打鸣吗？

母鸡下蛋，公鸡打鸣，这是自然界很普通的规律。母鸡有时也打鸣，怎么母鸡也会打鸣呢？

可不，母鸡有时候也会打鸣。不过，人们认为这是违反自然规律的事情，是"不祥之兆"，人遇到了会"倒霉"。事情果真是这样的吗？

正常的母鸡，它的身体左侧有一个发达的卵巢，而右侧有一个不发达的性腺。这样，母鸡看起来鸡冠不发达、颈部的羽毛短而圆、尾部的羽毛也没有公鸡长，而整个身体的羽毛也没有公鸡那样鲜艳和美丽。同时，它左侧的卵巢会分泌一种叫雌酮的性激素，从而抑制右侧的性腺，不准它抬头。可是，当左侧的卵巢受病害侵袭或雌性激素分泌明显减少时，右侧的性腺便会悄悄地抬头，生长发育起来，伴随着身体也发生着某些变化，鸡冠长大，羽毛艳丽，同时也出现打鸣的现象。这实际上是动物的性别反转，由"女"变"男"。呵呵，母鸡打鸣是性别发生了变化，与"不祥之兆""倒霉"等迷信说法没有半点瓜葛。

母鸡打鸣也会发出"勾勾——喽"的叫声。而母鸡下蛋会发出一阵"咯咯嗒，咯咯嗒"的叫声，声音却有所不同。这一点声音的区别，你注意到了吗？

33

你懂得鸡的 "语言" 吗?

人有人语, 兽有兽言。你知道鸡也有自己的 "语言" 吗? 譬如, 公鸡 "喔喔" 啼鸣, 母鸡 "咯咯" 作声, 它们的语言都有什么意义呢?

一只母鸡带领着一群小鸡在活动, 它们依靠什么来进行联系呢?

一位生物学家为了解开这个问题的答案, 在养鸡场用了较长的时间观察、研究鸡的生活习性, 发现鸡的 "语言" 相当复杂, 也相当完美, 约有十几种信号, 其中包括接触、吃食和惊慌等。

我们听到的母鸡咯咯声, 实际上它有着不同的意思, 传达着不同的信息。

母鸡常常对小鸡发出一种接触信号, 表示 "我在这里, 在身旁", 小鸡听后会变得很安静, 连那些怪声或强声都不怕。

母鸡通知小鸡吃食的信号也有几种, 一种表示 "我找到了吃的", 另一种表示 "有好吃的"。小鸡听到声音后, 就一摇一摆地跑过去吃食。

　　母鸡发出的惊叫信号也有好几种。如敌害出现在空中，它会发出一种信号；如敌害来自地面，就换成另一种叫声。小鸡听到妈妈的叫声，急忙藏到妈妈的翅膀下，求得保护；有时就向四处逃散，躲避起来。

　　为了解开这个问题的真正秘密，科学家按照物理特征分析了鸡的这些信号，发现鸡的"语言"基本上属于 200～600 赫兹的频带，这个波段的声音最容易被鸡的听觉器官所接收。因此，他们制造了一种禽类音响仿生系统，发出母鸡的人工信号。说来也奇怪，小鸡们对人工信号的反应，同对鸡妈妈的召唤一模一样。咦，这种人工信号竟达到了以假乱真的地步，可以代替鸡妈妈来发号施令了。

　　人们将一架灵敏度很高的话筒放到蛋库里，发现了一种奇怪的现象，鸡蛋竟也有"语言"呢！原来，胚胎鸡在出壳前 3 天，就开始同邻居"对话"啦。它吱吱地叫，还发出其他的信号。开始的时候，这个声音很轻，后来人们将耳朵凑近鸡蛋，就能听到"吱吱"的声音，有的信号表示"我太热"，而有的信号则表示"我冻坏了"。

　　如果母鸡在孵蛋，它听到这种声音后，有时离开窝，将蛋翻动；有时停止觅食，转回窝内，蹲到蛋上面去。有趣的是，母鸡孵的蛋不是同一天下的，而小鸡却差不多是同一时间孵化出来。这是什么原因呢？原来，母鸡孵蛋时发出的声音，是胚胎发育的刺激因素之一，用它能调整雏鸡出壳的同步性。母鸡的声音多么奇妙啊！

　　现在，人们已经弄清楚了这种现象的物理性质，"破译"出了孵蛋鸡的信号。莫斯科大学生物系的研究者根据抱窝母鸡会发出 25 种不同的声音的现象，制成了一种禽类音响仿生系统，从而用它米调节鸡蛋的孵化速度，指导未破壳的小鸡的活动。

　　现在，我们只要掌握了鸡的"语言"，就可以使它为大规模的养鸡业服务了。

拍拍脑袋想一想

母鸡为什么有时候会产出双黄蛋？

你吃过双黄蛋吗？你知道这是怎么回事吗？

双黄蛋要比普通的鸡蛋几乎大1倍。双黄蛋的产生，只是卵巢产卵时，一下子成熟了2个，同时落入输卵管中，这两个卵子在下行的过程中，被包上了蛋白，然后又被包上了蛋壳，不断下移，最后就形成了双黄蛋。

悄悄告诉你

37

母鸡生蛋后为什么
还要"咯咯嗒"地叫？

不知大家观察过没有，母鸡生下蛋后，会清一色地"咯咯嗒，咯咯嗒"地鸣叫，并叫个不停。这是怎么回事呢？

母鸡在体内孕育着新的生命——鸡蛋。当蛋黄被包上蛋清，再包上蛋壳后，蛋壳逐渐变硬起来，会慢慢地下移。这时母鸡有生蛋的感觉，就要到产蛋窝里产蛋。刚进产蛋窝的母鸡，如果你去捉它，母鸡很快就逃出来，没有别的反应。当母鸡在产蛋窝里等待一段时间，你再去捉它的时候，母鸡就会恼怒起来，竖起羽毛，张开翅膀，会去啄你。因为鸡蛋此时已经到了泄殖腔口（肛门），母鸡正全力以赴地准备把鸡蛋生下来。

母鸡产蛋需要消耗不少的体力。这是因为母鸡的泄殖腔直径很小，尽管周围的肌肉有很大的弹性，但是鸡蛋在下行的过程中，仍然需要憋足劲，才能将鸡蛋生下来。一旦鸡蛋落下来，母鸡则浑身轻松，如释重负。因产蛋时付出了很大的力气，所以母鸡产蛋后不会急于离开，而是在休息一段时间后，才恋恋不舍地走出产蛋窝。这时候母鸡的精神极度兴奋，因此，就"咯咯嗒，咯咯嗒"地叫起来。

对于母鸡来说，产蛋不是简单的事情，是要付出体力和精力的。母鸡产蛋的时间一般在 10 ~ 20 分钟，最长的是 4 ~ 5 小时，这么长的时间才能将鸡蛋产出，当然是值得祝贺的。母鸡下蛋后"咯咯嗒，咯咯嗒"地叫，有这样的作用：一是吸引异性，在这种情况下，如果有公鸡的时候，一般是公鸡站在母鸡的身旁，当母鸡高兴地"咯咯嗒，咯咯嗒"地叫时，公鸡会跳到母鸡身上完成交配。根据养鸡场的工人多次观察发现，如果这个时候公鸡和母鸡交配，隔日生的鸡蛋最容易受精，受精的鸡蛋才容易孵出小鸡；二是生出鸡蛋有一种抚育出小生命后的快感，这是母性的共同特征；三是母鸡的叫声通常非常刺耳，在原始的鸟类进化中，为了避免其他动物破坏而在蛋的四周边绕圈边发出叫声，以起到驱赶的作用。后来这个行为延续了下来了。对家养的母鸡来说，"咯咯嗒，咯咯嗒"地叫，似乎在向主人宣言，我能够产蛋，应该多喂我，不能将我做成盘中佳肴。

你说所有的鸡蛋都会孵出小鸡来吗?

是不是所有的鸡蛋都能孵出小鸡来呢?当然不是。尤其是蛋鸡场里的母鸡,因为都被笼子隔开、互不接触,所生的蛋都没有受精,所以环境不管再怎么适宜,这种蛋也不会孵化出小鸡。鸡蛋孵出小鸡的关键,是在母鸡还没有产蛋时与公鸡交配,也就是公鸡产生的精子与母鸡的卵细胞受精融合,母鸡产下有受精卵的蛋,这种蛋才能在适宜的温度下孵化出小鸡来。没有受精的鸡蛋是孵不出小鸡的,孵化条件再怎么好,也是没有用的。

什么样的**动物**算
是**哺乳动物**?

哺乳动物是现存的脊椎动物中最高等的一类动物，被称为兽类。目前的哺乳动物大约有 4200 种以上，我们人类也属于哺乳动物的范畴。那么，什么样的动物才算是哺乳动物呢? 换句话说，哺乳动物和其他动物有什么区别呢?

首先，哺乳动物是胎生、哺乳，而不是卵生。

在这里，我们有必要先介绍一下什么是卵生和胎生，以及卵生动物和胎生动物。

卵生，是指雌性动物与雄性动物进行交配，雌性动物产生的卵子和雄性动物产生的精子结合后，形成受精卵。受精卵由母体产出后，在母体外接受母体孵化或温暖阳光的照射而繁殖出下一代的方法，这种繁殖方式被称为卵生，像这样出生的动物就是卵生动物。蝗虫、鲤鱼、青蛙、鳄鱼、乌龟、鹅、黄鹂、燕子等，都是卵生动物。

胎生，是指雌性动物在卵细胞成熟后，与雄性动物交配，精子与卵细胞受精融合形成受精卵，而后仍留在母体内吸收母体提供的营养物质，在母体内完成一系列的生长发育，经过一段时间，孕育成幼体，然后胎儿从母体产出来，这样的繁殖方式被称为胎生。这样出生的动物是胎

生动物，常见的有人、猫、狗、羊、牛、马等。胎生动物都是哺乳动物。只是初生的胎生动物需要喝母亲的奶汁长大，所以需要母亲哺乳。

其次，哺乳动物身体被毛。我们常见的一些哺乳动物，如牛、马、猴子等，身上都长有毛发。我们人类也有毛发，只是有些地方的毛发已经退化了。

另外，哺乳动物的体温恒定，而且牙齿也有了分化。哺乳动物的牙齿分为门齿、犬齿和臼齿，臼齿又分为前臼齿、后臼齿。

凡是胎生、哺乳、身体被毛的动物就是哺乳动物，这也是哺乳动物最突出的特征。掌握了这些辨别的特征后，你就可以辨认出身边什么样的动物算是哺乳动物了。

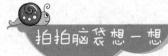

拍拍脑袋想一想

鸭嘴兽通过下蛋来繁殖后代，它到底是鸟类，还是哺乳动物？

因为任何事情都有例外，我们看事情不能绝对化，鸭嘴兽就是个典型的例子。鸭嘴兽生活在澳大利亚，它的嘴像鸭子的嘴，再加上是一种兽类，由此而得名。它的前、后肢有蹼和锐爪，适于游泳和掘土。它喜欢生活在水边，主要以蠕虫、水生昆虫和蜗牛等为食。在繁殖期间，

悄悄告诉你

43

雌鸭嘴兽每次产两枚卵。幼兽出生后，会从母兽腹面濡湿的毛上舐食乳汁，因母兽没有突出的乳房，只有会分泌乳汁的乳腺。鸭嘴兽有些地方虽然低等，但它能哺乳自己的孩子，所以它是哺乳动物，是最原始的哺乳动物之一。由于它没有乳房，只有分泌乳汁的乳腺，所以是珍贵的单孔目动物。

最为有趣的是，鸭嘴兽既像爬行动物一样会下蛋，又像鸟类一样会孵蛋，却又像哺乳动物一样会喂奶，十分奇妙和有趣，可谓是将爬行动物、鸟类和哺乳动物的生理特征融为一体，通身兼备呀。

哺乳动物全身
都有毛吗？

45

我们知道了哺乳动物身上长有毛发，但为什么有些动物就没有呢？像鲸、海豚等动物的身体就是光秃秃的，难道它们不是哺乳动物吗？

是啊，什么事情都不能一概而论。鲸、海豚等长期生活在水中，它们的皮下逐渐形成了厚厚的脂肪层。这种脂肪层代替了身上的毛，又容易浮出水面，有利于它们在水中生活。不过，随着脂肪层的增加，这些动物身上原来的毛逐渐减少，因为毛在水中的作用逐渐减少，最后竟不起什么作用，几乎就全部消失了。这种现象在生物学上叫退化，也就是那些不用的器官会在漫长的进化过程中，逐渐减弱或消失。就像我们人类一样，虽然毛发已经退化，也不是一点儿都没有了，我们的头部、腋窝或阴部等处都长有毛发；鲸的口边也留有一些毛发，只不过是鲸的毛发退化得比较严重，而大象、河马等动物的毛发也在退化，只是毛也不是很多。

还有，有些哺乳动物的毛发已经发生了形变，而且还兼有别的功能，如穿山甲，它的毛已经变成了鳞状，主要起保护身体的作用；而像豪猪，它的毛已经变成了针状，成了豪猪反攻的武器。

　　像穿山甲的鳞片、豪猪的棘刺，都是为了适应环境的需要，其形态和功能发生了改变，这在生物学上叫做进化。

　　就此，我们不难看出，动物的某些器官，为了适应环境就会发生进化，而不适应环境的就会退化。哺乳动物毛发的进化正好说明了这一点。也就是说，哺乳动物的毛发也不是非有不可，鲸、海豚身上无毛，就是最好的诠释。

拍拍脑袋想一想

豪猪身上的棘刺是如何起到防御作用的呢？

豪猪又叫箭猪，主要分布在我国的长江流域和西南各省。箭猪的身体重达十几千克，个儿最大的可长达 0.7 米，它的牙齿锐利，头部有点像老鼠，全身呈棕褐色。从它的背部到尾部长有簇剑一样的棘刺，臀部的棘刺长而集中，短小的尾巴几乎被棘刺所遮盖。箭猪身上最粗的棘刺像筷子，呈纺锤形，最长的可达 0.4 米。有趣的是，每根棘刺的颜色是黑一段、白一段，黑白相间的。当箭猪伸开尖刺时，就会锐不可当。

悄悄告诉你

47

　　每当箭猪遇到敌害时，它马上会竖起一根根的棘刺，并会互相摩擦着，发出"刷刷"的声响，同时嘴里发出"噗噗"的叫声，起到一种恐吓的作用，似乎在警告对方：我身上的棘刺已经做好了准备。如果被棘刺扎上，会疼痛难忍，识相者会急忙退避。不识相者向箭猪进攻，箭猪马上会来个急转弯，转过身来，用屁股冲向敌害，与敌害搏斗。一般的动物是怕对方咬自己的屁股的，生怕对方从软弱的肛门入手，将肠子给掏出来。咦，箭猪可不怕，它转过身来，是想用锐利的棘刺狠狠地刺向对方的要害处。被箭猪教训过的动物，再见到箭猪的话，就会敬而远之。

　　箭猪的棘刺是由鬃毛转化来的。很早之前，箭猪身上只有几根鬃毛，但在大自然中，尤其是在强敌面前，棘刺却起到了很重要的防御作用，所以，久而久之，箭猪身上的棘刺的数量和作用会逐渐加强，于是，锐利的棘刺就形成了，这是对环境的一种适应，也是进化的必然结果。

蝙蝠怎么会在
黑夜中捕到食物？

　　每到盛夏的夜晚，四周黑得伸手不见五指，但蝙蝠竟能在黑暗的天空中飞行，并捕捉昆虫吃。你一定很奇怪，蝙蝠难道在黑暗中也能看清食物，不会撞上障碍物吗？

　　蝙蝠是一种昼伏夜出的动物，它能自由自在地穿梭飞行，从不会撞到任何东西，还能准确无误地捕捉昆虫。

49

原来，蝙蝠在飞行的时候，能够由喉咙产生每秒钟振动达2万～10万赫兹的强超声波，并通过嘴和鼻孔向外发射出去。我们的耳朵是听不见这种超声波的。当超声波遇到昆虫或障碍物时，就会反射回来，蝙蝠可以用耳朵接收，并能迅速地判断出探测的目标是昆虫还是障碍物，以及距离它有多远。人们通常把蝙蝠的这种探测目标的方式，叫做"回声定位"。蝙蝠就是利用"回声定位"在漆黑的环境中准确地飞行与捕食的。

令人吃惊的是，蝙蝠能够在1秒钟内捕捉和分辨250组（声波往返一次算一组）的回声。

蝙蝠回声定位系统的分辨本领很高，它能把昆虫发射回来的声信号与地表、树木等发射的声信号准确地区分开来，辨别出到底是食物还是障碍物。

还有，蝙蝠的回声定位系统的抗干扰能力也特别强。即使人为地干扰蝙蝠，哪怕干扰的噪声比它发出的超声波要强100倍，蝙蝠仍能照常工作。蝙蝠正是凭借自己的高超本领，从而在黑夜里捕捉食物时，有着让人意想不到的准确性和灵活性。难怪有人称蝙蝠为"活雷达"呢！

为什么蝙蝠都倒挂着头朝下睡觉？

悄悄告诉你

活动了一晚上的蝙蝠，要休息的时候，会找到自己的栖息地来休息或睡觉，而且会以头朝下的方式，用后肢的尖爪钩住细缝或树枝等物，把整个身体倒挂起来。你可能会想，它这样休息不累吗？告诉你吧，如果把蝙蝠放到地上，那就惨了，它是飞不起来的，为什么呢？

原来，蝙蝠的前肢退化，后肢短小，并且与翼膜相连，所以当它在地面上时，不能站立行走，不能飞起，只能慢慢地爬行。

那么，蝙蝠为什么睡觉时要倒挂"金钟"，简单说来有如下优点：

第一，蝙蝠晚上在外活动，劳累了一夜，头朝下挂着睡觉，有助于血液循环和恢复体力。

第二，蝙蝠居住的地方多是冷暗潮湿的石头洞穴，倒挂在石缝上睡，可以减轻潮湿对其身体的伤害。

第三，蝙蝠因前肢退化，脚很不灵活，在地上不能起飞，它挂在石缝上睡，遇到危险时可以马上逃走，如果在地上是很难逃生的。

刺猬为什么
浑身长刺?

　　或许大家都见过刺猬，它的分布比较广泛，几乎各地都可以见到它的"尊容"。刺猬会捕食各种无脊椎动物和小型脊椎动物，兼食植物的根、果、瓜等，年产 1～2 胎，每胎 3～6 仔。它有一张突出的长脸和不断抽动的鼻子。另外，刺猬有灵敏的嗅觉，加上全身布满坚硬的刺，样子看起来十分可爱。它的体形肥矮，长约 25 厘米，四肢短小，爪子弯而锐利，眼和耳都很小。它的身上有短而密的刺，遇到敌害时它能蜷曲成球，让敌害无处下手，以此来保护自己。刺猬每年冬季都要冬眠，在 5 个月的漫长的冬眠期内，它几乎像一具僵尸一样，浑身冰冷。到了第二年的 3 月，它身体的温度开始慢慢地升高，呼吸和心跳也逐渐加快，恢复到正常的体温。刺猬的主要食物是毛毛虫、甲虫、蜗牛、蚯蚓等，一只刺猬每天能消灭 70 克虫子。

　　刺猬的硬刺是它御敌的一大法宝。这些硬刺是毛发的变异，非常尖，摸上去不大舒服。当遇到敌害时，刺猬会蜷起身体，缩成一个圆球，令敌人无从下口。这是刺猬最有效的防卫方法。

53

刺猬浑身是刺儿，让人望而生畏。你或许会问，刺猬那么多刺儿，到底有多少根呀？又怎么数呢？我们不妨借助放大镜和镊子来数一下，一只刺猬约有16 000 ~ 17 000 根刺。刺猬平均的体重为1 200克，而重达2 000克的胖刺猬也不过有大约17 000 根刺，这些刺每根只有1毫米粗。总之，刺猬身上短而密的刺，是它防御的武器。

刺猬浑身是刺儿，它的天敌怎么吃它呢？

盛夏的夜晚，刺猬常常顺着墙根溜达，出来找食物吃。白天它们潜伏在洞穴里睡觉，到了夜晚才出来觅食。刺猬最爱吃蚯蚓、蝼蛄之类的生物，也喜欢吃些枣之类的小型果实。

刺猬的肉非常鲜美，食肉兽遇到刺猬，总想要吃掉它，一饱口福。不过，刺猬遇到敌害时，会把身体收缩起来，整个身体向腹面卷起形成一个钢针四射的刺球，即使食肉兽围着它转来转去，也找不到下口的地方，只好扫兴而去。

不过，刺猬如果遇上它的克星——黄鼠狼，就要倒霉了，其能够活着的机会几乎是零。为什么这样说呢？

原来，黄鼠狼的肛门里生有臭腺，能分泌臭液。当敌害接近它的屁股时，它就放出"救命屁"，这个屁的味道极其难闻，对方不愿意为这点食物去忍受令人作呕的气味的惩罚，于是不再追赶，黄鼠狼则乘机脱险。

黄鼠狼对付刺猬也会使用这个绝招。它会对准蜷缩着的刺猬的缝隙处放一臭屁，很快就把刺猬麻醉了。结果，失去知觉后的刺猬的身体就会慢慢地伸展开来，这样，黄鼠狼就可以从刺猬的腹部下口，把刺猬咬死，美美地饱餐一顿！

老鼠的**门牙**为什么会不断**增长**?

晚上，有时屋里会传来"吱吱"的声音，这是什么声音? 原来是老鼠啃家具的磨牙声。

老鼠有咬硬物的恶习，难怪人们把它称为"啮齿目"。我们一般都会保护牙齿，老鼠怎么竟要磨牙呢?

老鼠有一个最突出的特征，就是没有犬齿，但它的上下颌却各有一对发达的门齿。门齿是终身生长，每年要长 10 ~ 30 厘米。

这样说来，老鼠的门齿会长得很长，岂不是要把它的嘴巴撑开，闭不拢嘴了吗? 其实，这种担心是多余的。在鼠类生活的过程中，它的门齿一面在长，一面又在不断地咬啮硬物的过程中被磨掉，这样既抑制了门齿的徒然生长，同时又能把门齿的齿冠磨得像凿子一样锋利。说来你可能不信，老鼠为了把牙齿磨成正常的状态，每星期要咬啮 18 000 ~ 90 000 次以上。如果老鼠的门齿一直得不到磨损，竟能长到 70 ~ 100 厘米; 如果一直这样，老鼠将会因无法进食而死去。实验证明，鼠类那像凿子般的门齿，每平方厘米的咬切力达 1 550 多千克。

美国科学家还做过实验，欲测定一下某些能咬穿电缆的老鼠的咬劲有多大，得出的结论是惊人的：硬度超过合金钢的物质才可以保证电缆不被鼠类咬坏。这是因为，动物的牙齿是磷、钙、氟等物质的化合物与有机物质结合组成的无机—有机复合材料，异常坚硬，而门齿的釉质摩氏硬度在 3.5 ~ 5.5 之间，比铜还硬，所以老鼠可以毫不费力地把粗电缆咬断。

那么，为什么老鼠的门齿能够不断生长呢？

原来，形成牙齿的重要物质是坚硬的齿质，这种物质是由齿质细胞分泌出来的。在每一颗牙的牙齿中间，有一个空腔，叫做牙髓腔，内有牙髓。在动物年幼时，这个牙髓腔的下腔是开放的，血管和神经可以通入，这样，牙髓腔中的齿质细胞就能够不断地获得由血液送来的养料，进行正常的生理活动，从而分泌齿质，促进牙齿逐渐地增长，最后突破牙床黏膜，露在外面。

一般动物的牙齿长成后，牙髓腔下端就封闭起来，因而导致血液的流动中断，齿质细胞也就断绝了养料供应，不能分泌质齿，牙齿就停止了生长。然而，鼠类却与众不同，它的门齿的牙髓腔不封闭，因而能终身生长。

这就是鼠类门齿终身生长的奥妙。

你知道哪几种动物的门牙会不断生长吗？

啮齿目动物在其上下颚各有一对突出的门牙，这对门牙会不断地生长，还有，必须靠咬啮来将不断生长的牙齿磨短。一般常见的啮齿目动物有老鼠、松鼠、花栗鼠、囊鼠、豪猪、河狸、仓鼠、沙鼠等。

悄悄告诉你

57

老鼠也分等级吗?

老鼠的生活是建立在严格的等级制度基础之上的。在一个鼠群中,只有一只个头最大的,它是最强壮的统治者,其他老鼠都畏惧和服从它。在老鼠的家族中,"男女平等",因此母鼠也有当王的机会。

老鼠的等级社会表现在许多方面,特别是在觅食方面。上等"公民"发现食物可疑时,便派自己鼠群中最饥饿的个体,也就是最下等"公民"去试吃。如果试吃后,这只老鼠不舒服的话,其他老鼠便不去触动这些毒饵;如果这只鼠吃了无事,就撒一些尿,通知大鼠,这是美味,大鼠闻着了气味才肯去吃。

老鼠的等级社会使老鼠变得很会奴颜婢膝。当统治者的情绪不好时,它们会闭上眼睛在旁边打滚,或者俯伏在鼠王的身下;而家鼠在回答鼠王的询问时,则用最低的声音,以表示敬畏和服从;当鼠王或者等级较高的老鼠发怒时,那些被管辖的"公民"会赶快躲起来,或者逃之夭夭,因为它们可能会被咬掉尾巴。

　　当强者欺负弱者时，老鼠常采用精神战术。强者毛发竖起，咬牙切齿，围着弱者转，累了就休息片刻再转；弱者则趴在原地不敢动，断断续续地喘着气，这样持续几小时后，弱者就有可能会休克死去。

　　当然，如果碰到鼠笼、鼠夹这类可疑的东西，也总是小鼠去侦察试探。小鼠如被伤害，就会发出信息素，大鼠就不再去上当了。许多捕鼠者都知道，小鼠是最容易用捕鼠器捉到的，而大鼠则不易上钩。

拍拍脑袋想一想

为什么草原上的老鼠有着惊人的繁殖力?

在草原上,老鼠也并不是无忧无虑地繁殖着,蛇、鹰、鸥、黄鼠狼、猫头鹰、狼等都是老鼠的克星。在草原上,人类还要千方百计地消灭老鼠,可老鼠却一直顽强地生存着,而且在有些地方甚至越来越猖狂,它们的繁殖力相当惊人。

那么,这是怎么一回事呢?

人们发现,用农药灭鼠,老鼠会大批地死亡,但其后代却更能加速繁殖,这是什么原因呢?

悄悄告诉你

前苏联有一科学家从控制论角度研究了这一问题，他认为这种现象是因为群内存在相反的联系，个体在非正常死亡时会发出信息，刺激余生者的繁殖率。为此，他做了一系列的实验。他当着第一组白鼠的面把其中一只白鼠毒死；而在第二组中抓出一只白鼠，但不毒死它，把它关在隔壁屋里单独喂养。两组各减少了一个成员，从表面上来看，两组白鼠对同胞的消失都无动于衷。但随后就发现，第一组中的雌鼠受孕率比第二组几乎高出了1倍。由此可见，老鼠暴死时会发出刺激繁殖率的信息。这一发现有很大的实用价值，它告诉我们，今后如果捉到活老鼠，要送到另一地方处死，以免它临死时发出信息刺激同胞的繁殖率。

据对我国北方草原的调查，有的草场每公顷有4500多个鼠洞，如果每个鼠洞住10只老鼠的话，1公顷草地就有45000多只老鼠。全世界的老鼠有75亿只，已经超过了人类的数量。

老鼠带来的危害是十分严重的，不可等闲视之。

老鼠偷吃粮食、啃食草场、毁坏物品、传播疾病，近年来已成为草原的一大祸害。全国遭鼠害的草原有0.7亿公顷，每年损失青草几十亿千克，足够500万只羊吃1年，直接经济损失十几亿元。草原灭鼠，刻不容缓。

61

为什么说老鼠有着
惊人的适应力?

哪里有人,哪里就有鼠,老鼠几乎遍及世界各地。人类对老鼠进行过各种讨伐,但老鼠照样繁衍生息,"鼠丁"兴旺,鼠害成灾,这是什么原因呢?这要从它的非凡繁殖力说起。

老鼠的繁殖力极强。一只大鼠每年能产6~7窝小鼠,每窝6~7只,多的达到15只,而小鼠生长3个月左右就有了生育能力,这样每只大鼠一年就能繁衍上千只小鼠。

老鼠的餐谱很杂。人能吃的,老鼠都能吃;人不能吃的,老鼠也可以吃。就像草根、树叶、人的粪便等,都是它的美餐。

老鼠还具有一个特点,就是能迅速地适应各种生态环境。它们可以居住在地上、地下、树林、岩石底下、草地和沼泽地中,从烈日炎炎的热带地区到冰天雪地的极地,从高山到平地,从森林到荒漠,就是在没有人类居住的地方,也都有各种老鼠在生息。

老鼠还有一个"广积粮"的嗜好,在粮食充足的时候,它能储存食物,以度过缺少粮食的季节。这就更增加了老鼠的适应能力。

另外,老鼠还有"分家"的传统,分群的速度很快。鼠群到一定数量会迅速分群,开辟新的天地,扩大食物来源,这样更有利于它们的生存。

老鼠的生命力极强，如果从 5 层楼上把它摔下去，它可以丝毫不受损伤，立即跑掉。

更令人惊奇的是，老鼠还能够经受核屠杀的考验呢！第二次世界大战以后，美国在西太平洋埃尼威托克环礁的恩格比岛和其他岛屿试验原子弹。原子弹炸出了一个个巨大的弹坑，所有的草木都被毁坏了，一团团蘑菇云不断散地发出致命的放射线。几年后，生物学家来到了恩格比岛调查，发现岛上的植物和暗礁下的鱼类以及泥土都有放射性物质。然而令人奇怪的是，岛上还有许多老鼠，这些老鼠既没有致残，也没出现畸形，反而长得特别健壮。原来老鼠的洞穴能够对核放射物质起到一定的防御作用，你看，它们的生存力是多么不可思议。

现在，对老鼠惊人的适应力，是不是已经很清楚了？

拍拍脑袋想一想

你相信吗？鼠的乳房能挤出羊奶来!

大家知道雌性哺乳动物是会产奶的。实际上，不同动物的乳汁，其成分是不尽相同的。牛、羊等反刍动物乳汁中有一种主要成分——β乳糖球蛋白，而鼠等啮齿动物的乳汁中却完全不含这种物质。

那么，有没有办法使鼠奶也含有这种蛋白质呢？国外科学家采用现代生物技术，成功地将绵羊的 β 乳糖球蛋白基因引入鼠类啮齿动物体内，使老鼠也能分泌出富含这种蛋白质的"羊奶"，甚至能根据需要，分泌含特殊成分的乳汁。

这项生物技术主要涉及了遗传物质，研究人员将 β 乳糖球蛋白基因注入鼠的受精卵中，然后将卵细胞引入母体内，结果出生来的小鼠都带有来自其他种类动物的基因，其中雌性小鼠日后就会分泌含 β 乳糖球蛋白的乳汁。而且有的鼠分泌乳汁的能力比羊还高，甚至乳汁中 β 乳糖球蛋白含量超过绵羊5倍。

动物乳汁及相应的乳制品是人类较主要的营养来源之一，因而这种新技术的应用前景较广，尤其是将奶牛的遗传基因转移给啮齿动物后，就能让鼠奶产"牛奶"，具有诱人的经济价值；而且人们还能应用这种新技术，有意识地改变遗传物质，从而获得营养更丰富、含量更合理的新型乳汁。

悄悄告诉你

兔子为什么
会吃粪便？

人们在饲养家兔时，往往发现它有吞食粪便的"毛病"，难道是兔子患有消化道的疾病吗？

实际上不是的！兔子是食草性动物，它的颊齿是单侧高冠齿，上颊齿列的间距宽，下颊齿列的间距窄，每次颊齿咬合仅能单侧。兔子把这种嚼细了的植物吞咽下去，经过消化吸收，食物中的营养成分并没有得到充分利用，于是兔子在长期的适应过程中，形成了一种巧妙的双重消化机能。

65

被兔子吞到胃里的嚼细了的植物，经过初步消化，先在兔子的盲肠里积聚了大量富含维生素的食物，再用黏膜包住，形成小丸，称为"胃丸"。"胃丸"经过肠道排出体外，成为软粪，科学上称之为"维生素粪便"或"盲肠食物"，这就算完成了第一重消化。排出体外的软粪立即又被兔子吃进去，几乎没有经过咀嚼便被吞下，来进行第二重的消化，使第一次没有被充分利用的营养，又被再消化吸收，最后才形成了正常的圆而硬的粪便，被排出体外，称为硬粪。由此可见，兔子由肛门排出体外的粪便有两种：一种是真正的粪便——硬粪；另一种是"维生素粪便"——软粪。兔子所吃的是软粪，软粪中富含维生素 B_1 和维生素 K。据测定，"维生素粪便"中的维生素 B_1 的含量，比正常粪便高出 4 ~ 5 倍。借此双重消化的功能，兔子可以充分地利用食物的营养，同时使自己能在恶劣的条件下耐饿忍饥，在这一点上，兔子比其他动物更具有优越性。

拍拍脑袋想一想

白兔的眼睛为什么是红色的？

兔子的体色有各种颜色，它们的眼睛也有不一样的颜色，比如红色、蓝色、茶色等。也有的兔子左右两只眼睛的颜色不一样。看上去，兔子眼睛的颜色好像与它们的皮毛颜色有些关系，黑兔子的眼睛是黑色的，灰兔子的眼睛是灰色的。那么，为什么白兔子的眼睛不是白色的，而是红色的呢？

原来，兔子身体里有一种色素细胞，能够分解产生色素，兔子的体色是由不同的色素决定的。含有灰色素的小兔，毛和眼睛就是灰色的；含有黑色素的小兔，毛和眼睛是黑的。还是同样的问题，为什么我们看到的白兔的眼睛不是白色的而是红色的呢？

原来，白兔并不是天然品种，而是经过人工选择培育出来的，是一种患有白化病的动物，它是在体内的色素消失之后才变白的。我们所看到的白兔的红眼睛，其实是无色的透明体。它眼底的毛细血管反射了外来光线，才呈现出鲜艳的红色。红色其实是血液的颜色。反射的光线越强烈，红色就越鲜艳。

悄悄告诉你

67

为什么说兔子的
耳朵有学问？

兔子的耳朵其实很有学问，而且富有情趣，是两只了不起的耳朵。

兔子的生存，离不开它那对又大又长的耳朵。尤其是野兔，大耳朵对于它们的生存非常重要。野兔属于比较弱小的食草动物，经常受到敌害的攻击，一不留神就会被一些动物追上而丢失性命。为了保护自己，它不得不经常竖起耳朵，注意收听周围的一切动静，而耳朵越长，收集到的声波就越多，听到的声音就越清楚。为了适应这种需要，兔子的耳朵在不断进化的过程中逐渐长得特别大。还有，兔子的耳朵能够灵活地转动，准确地判断声音的方向。一有风吹草动，它马上撒腿就跑。往往在敌害还没有发现兔子之前，兔子就已经逃得无影无踪了。

美国科学家研究发现，兔子的耳朵还具有调节体温的本领。兔子的体温高达 40℃，耳朵是它得天独厚的天然"散热器"。兔耳上布满密密麻麻的毛细血管网，随着血液的循环，它不断地向外界散发体内过多的热量。当天气寒冷时，兔子将两只耳朵紧紧地贴在背上，减少和空气的接触面积，兔耳上的毛细血管多数关闭，血液流量小，散热就少，从而起到保温的作用；当天气炎热时，两耳便挺起来，加大和空气的接触

69

面积，兔耳上的毛细血管全部开放，血液流量大，散热就多，维持了体温的恒定。兔子利用耳朵来散热，这是多么方便和灵巧的办法啊！

有个叫舒尔茨的美国学者特意做了一个有趣的实验，他别出心裁地利用千只长耳兔作为温室的"热源"。在温室里，他一面饲养兔子，一面种植作物。当室外气温为 0℃时，"兔热"居然使室温保持在 13℃左右。这样看来，兔子耳朵还是一项宝贵的新能源呢！可见，了不起的兔耳，还大有学问呢！

拍拍脑袋想一想

为什么兔子是三瓣嘴？

"小白兔，白又白，蹦蹦跳跳真可爱"。大家之所以喜爱兔子，除了因为它有着特殊浑圆的躯体外，还与它奇特的三瓣嘴有关。兔子的三瓣嘴嚼起草来很滑稽，这是兔子最显著的特征，让人们想不喜欢都难。

悄悄告诉你

70

其实，从科学的角度来说，兔子的嘴巴应该有两片唇瓣。我们或许会感到好奇，兔子为什么要长有这样的嘴巴呢？

大家知道，兔子的身体非常矮小，三瓣嘴的生理特点有利于将发达的门齿翻出来，在啃吃很低矮的草时，不会受到嘴唇的阻挡，进食效率更高。吃草快的好处是免得在进食时被敌害发现，从而丢了小命。

当然，除了兔子之外，动物界中拥有三瓣嘴的动物也有很多。例如，吃草的动物袋鼠和骆驼也是三瓣嘴，它们生活在荒漠上，如果不能吃到很低矮的草，就会挨饿。

可见，动物进食的嘴巴也与其生活的环境相适应，是经过大自然长期选择的结果。

猫为什么能预报天气？

在日常生活中，人们积累了很多动物预测天气的谚语。譬如：

"青蛙不叫，晚霜要到。"

"蛇过道，大雨到。"

"米虾水面跳，明天大雨到。"

"鸭子潜水快，天气将变坏。"

"乌龟背冒汗，出门带雨伞。"

"猫头鹰二声三声叫，风雨必将到。"

"蜘蛛张网兆天晴。"

你可知道，猫也能充当"气象员"的角色，作"天气预报"呢！

科学家在对猫的各种不同的"搔痒"姿态作了研究和实践检验后，一致确认，猫作"天气预报"的准确率高达90%以上。

在广为流传的谚语儿歌中也可找到猫作"天气预报"的答案，例如"猫搔耳前会下雨，猫搔耳后必天晴""小猫咪咪，耳朵竖立，常常洗脸，明天太阳笑嘻嘻""猫咪猫咪，连连打哈欠，谁要摸它，它会咬你，当心明天下雨"等。

猫的"搔痒""洗脸""哈欠"究竟与下雨、放晴有什么瓜葛呢？

科学家们指出，天气变化中的"晴"与"阴"是和大气湿度的高低成正比关系的，大气湿度的增加，会引起覆盖在猫咪身上的厚厚毛皮的一些静电反应。静电反应的刺激强度、部位的不同，又会引起猫身上某些区域（如耳前、耳后、四肢、脸部）的敏感反应。当湿度超过一定的限度时，猫的皮毛还会出现差异极大的伸或缩的反应，于是猫便出现不同形式、不同姿态、不同部位的搔痒，或者是洗脸的动作。在雷雨或"黄梅天"时，外界的湿度骤增，猫皮毛上的静电反应加大，这时，谁要"不识相"地去过度抚摸它，即使是再文静的猫，也会"恼火"，弄不好还会狠狠地咬你一口。如果你留心观察，就会发现每次猫"生气"之后，往往是（或是第二天）阴雨连绵。在这里，猫成了人们义务的"气象预报员"！

73

拍拍脑袋想一想

猫、狗等动物也要换牙吗？

小朋友到了上学的年龄就要开始换牙了。换牙就是指乳牙被新生出的牙齿替换了下来。恐怕我们都经历过这个过程，尝到过换牙的滋味。我们在出生后不久长出的牙，叫乳牙（乳齿）；而之后换过的牙，叫恒齿。

猫和狗也同人一样，会丢掉乳齿，换上崭新的恒齿。

只是猫、狗发育成熟得早，寿命短。所以，它们的牙齿也换得早，出生后，大约三个月到五个月就开始换牙了。

同样，猫、狗换牙也需要较多的钙，如果缺钙的话，牙齿也长不好。所以，我们在猫、狗换牙时，应该注意在食物中多给它们添加含钙高的食物哦。

悄悄告诉你

你知道猫的
行为秘密吗？

猫是家里的宠物，同时也能捕鼠。如果你不养猫，又非常喜欢猫，就得了解一些猫的行为秘密：猫为什么会"喵喵"地叫？是表示满足吗？不一定。猫在遭受巨大的痛苦或受伤甚至将死亡的情况下，常常大声地、高声地"喵喵"叫。"喵喵"叫是一种引起人注意的信号。所以，它可以是一只受伤的猫向人表示需要救助的信号，也可以是感谢主人的友谊的信号。

当你向猫表示亲热，说友好的话时，它的反应是用背在地上滚，伸展四肢，打哈欠、舞动爪子和摇动尾巴尖。因为肚子朝天的姿势很容易受攻击，所以很少有猫愿意对陌生人冒这样的风险，实际上猫翻滚的意思是"信任你"。

猫具有绝妙的发声技能，当它走投无路时，便会发出"嘶嘶"的唬叫和呼噜的吼叫声，如同蛇的声音，也可能是无可奈何的发怒，或是表示它是凶恶和危险的。英国的动物学家认为，这正是猫的"绝招"，那是猫在惟妙惟肖地模仿令人恐惧的蛇。

75

猫的尾巴的动作也能表示一定的含义。猫摇尾巴是感情上处于矛盾的状态。当猫想出去，外面又下着倾盆大雨时，它的尾巴就开始摇动；如果它冲出门去，接着又犹豫地站住，它的尾巴就摇动得更厉害；但是当它决定返回屋中，或者勇敢地冲出去时，它的尾巴就不摇了。

猫作记号的法宝是气味。气味的交换对猫来说是很重要的。猫蹭人的腿，部分原因是进行友好的接触，但还有另外的含义，在它的鬓角和尾巴尖端有特别的腺体，用这些腺体发出的气味在人的身上作记号。

猫有些动作，特别是带有破坏性的动作，在我们看来是行为失常，不过，对猫来说却是一种需要。如猫撕扯你心爱椅子上的织物，是为了磨利它的爪子，使磨坏了的旧爪子外壳脱落下来，露出里面新的发亮的爪子，就像蛇蜕皮一样。并且，它在"磨"的过程还留下一种气味，这样你心爱的椅子将会从此受到更多的注意，因为猫对你本身的气味和它留在上面的气味会作出积极的反应。

拍拍脑袋想一想

猫为什么会爬树，老虎怎么不会呢?

很多动物会爬树，比如猫。其实，金钱豹、美洲狮、云豹、豹猫等动物都会爬树。在一般情况下，爬树的动物必须具备这样的特点：第一，四肢有锐利的尖爪，能够牢固地钩住树皮，不至于掉下来摔个嘴啃泥；第二，身体灵便轻巧，上下自如，而且体重不太重，树枝足可以承受其体重。

老虎虽然属于猫科，四肢也有钩爪，但是它的身体庞大，体重一般在 100 ~ 150 千克，雄兽个头比较大的在 200 ~ 250 千克左右。这么大的个儿，一般的树枝很难招架住，所以很容易将树枝压断掉下来，造成不必要的伤害，于是老虎没有养成爬树的习惯。猫科动物的另一种大型动物就是非洲狮，它也不善于爬树，只能勉强地爬上矮树。

悄悄告诉你

77

猫为什么喜欢
吃<u>鱼</u>和<u>老鼠</u>？

猫喜欢在夜间捕食老鼠，并且有一整套高超的捕鼠"装备"。

猫的胡须好比"雷达"天线，是猫身上最灵敏的器官。特别是在夜间，猫能依靠胡须探知洞穴的大小，然后确定自己是否能通过。

当猫躺在一处打盹儿时，总爱把耳朵贴在前肢的下方，从而靠近地面，一旦有老鼠走动，猫立即会被惊醒，因为地面传声的速度比空气传声要快得多。

谁都认为猫的眼睛能明察秋毫，然而你知道吗？在伸手不见五指的夜晚，它仍需要依靠胡须和耳朵来助自己"一臂之力"呢！

猫随身携带着一种猎食的"武器"，就是它凶狠锐利的爪子。它一旦抓住老鼠，爪子就会紧紧地收缩，比铁钳还牢固。有趣的是，猫的爪子中间有很厚的肉垫，这样行走起来就会悄无声息，便于对老鼠突然袭击。

"哪有猫儿不沾腥"，这是人们对猫的饮食习性的评语。也就是说，猫既爱吃老鼠又爱食鱼。说来十分有趣，如果猫长时间得不到主人提供的鱼肉，它能在傍晚跑到小河边自己"动手"，从水中捞取活鱼以饱口福呢！

那么，猫儿为什么特别喜欢吃鱼和老鼠呢？

科学家曾对这个问题进行过研究和分析。原来，猫是在夜间活动的，其体内必需具备牛黄酸这种能提高夜间视力的物质。如果猫长期得不到这种物质的补充，夜视能力就会降低，无法尽其职。而鱼和老鼠的体内含有大量的牛黄酸，猫可以从其中摄取牛黄酸来补充营养，所以猫特别爱吃鱼和老鼠。

79

拍拍脑袋想一想

猫的眼睛一天之间为什么要变三变？

猫的瞳孔很大，而且瞳孔括约肌的收缩能力特别强。白天，尤其是中午太阳的光线强时，它的瞳孔括约肌就会收缩，变得小些，照样能看清东西；早晚时，光线的强度中等，它的瞳孔括约肌就舒张开放，变得中等大小，也照样可以看清东西；晚上在昏暗的情况下，它的瞳孔括约肌舒张得很大，瞳孔就会开放得又圆又大。虽然光线昏暗，猫依然能看清东西。

猫的瞳孔放大或缩小，是和猫的生活习性相适应的。猫常常在白天养精蓄锐，睡大觉；到了晚上，它要捉老鼠，会将瞳孔放得很大，虽然光线弱，但它照常可以捕捉到老鼠。

因为猫的瞳孔比人具有更大的收缩力，所以对光线的反应也比人灵敏。这样就保证了在光线过强或过弱时，猫照样可以看清东西，照样捉老鼠。

悄悄告诉你

80

狗的嗅觉
　　为什么那样灵？

　　小朋友都知道，狗的鼻子特别灵敏，可以找到丢失的东西，还可以帮助警察找到隐藏的罪犯。大家或许会好奇，狗的鼻子怎么这样灵呀？

　　其实，这主要与狗鼻子的构造有关。高等动物的鼻子除了帮助呼吸外，还起到嗅觉的作用。通常，鼻腔的上部多数生有皱褶，加大了这里的面积，上面生有黏膜，无数的嗅细胞就分布在这里，黏膜经常分泌出一些黏液来滋润这里的嗅细胞，从而使嗅细胞灵敏地感受到各种气味的刺激，并通过神经传导至大脑，产生相关的味觉。这也是我们为什么会看到狗的鼻子是湿漉漉的原因。

　　狗的鼻子除了这一部分外，它的鼻子尖端的表面部分，还有一块不生毛的黏膜组织，上面有很多的皱褶，还有很多的嗅细胞。鼻央上面的黏膜也经常分泌黏液来滋润它。狗的嗅觉细胞的数量和质量都比其他动物更胜一筹，所以对各种气味的辨别本领也就比其他动物高强得多。

狗鼻了具有近 2 亿个嗅细胞，能分辨大约 100 万种不同物质的气味，而且它还具有高度的"分析能力"，能够从许多混杂在一起的气味中，嗅出它所要寻找的那种气味。实验证明，狗的嗅觉灵敏度比人高近 100 万倍，而且在它饥饿时还会进一步提高。

哦，狗的鼻子真了不起。

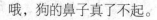

拍拍脑袋想一想

狗为什么要四处撒尿？

当我们在户外散步时，会经常看到这样一种情况，狗往往喜欢在树干或电线杆子之类的东西上东闻闻、西闻闻，随后抬起一条后腿，"哗啦、哗啦"地将尿撒在上面。狗为什么要这样做呢？

原来，狗是在做标记："我的地盘我做主，不要来打扰我。"不论是雌性狗还是雄性狗，都有这样的标记行为。它们通过尿液中的信息素来交流年龄、性别及地位，留下自己的"名片"。狗尿能覆盖新环境中不熟悉的气味，使周围有了家一般的味道，让它们更有安全感，而且使其他入侵者也不敢轻易接近它的地盘。

这种领地标记行为是动物的原始本能，正如人们保卫家园，使其不受侵犯一样。动物们利用尿液中的信息素来交流，同时给敌人以最大的震慑，所以标记的工作主要是由群体中最凶猛的野狗来完成的，标记成为避免异己势力入侵的有效方式。

悄悄告诉你

83

狗为什么
有时候还要吃草？

夏天，不少养狗的人带着狗出去散步的时候，会发现狗在草坪中嬉闹的时候会不停地吃草，想急忙过去阻拦，但为时已晚，草已经被狗吞下肚子了。狗可以吃草吗？吃草对它的健康会不会有影响呢？

狗的胃、肠结构与人的不同，这也是狗吃草的重要原因。狗的胃很大，约占腹腔的 2/3；而肠子却很短，约占腹腔的 1/3，所以狗基本上是用胃来消化食物和吸收营养的。它的胃容易消化肉类食物，不容易消化像树叶、草等有"筋"的东西。狗在平时吃东西的时候会无意间吃进自己的毛发，在平时玩耍时也可能会吃进一些纤维，这些物质在狗的体内积攒多了，不但会造成结石，导致狗的消化不良，而且会患上厌食症，对狗的健康造成很大危害。狗吃少量的草，一是可以帮助狗清除体内的毛发，二是可能觉得自己的胃中不干净，所以会常常吃一些草来清理自己的胃。狗吃完草不久，就会把不易消化的东西吐出来。所以无论是哪种情况，对狗而言都是好的，有利于狗的健康。

夏天，狗的舌头为什么
会时常伸出来呀？

夏日，天气炎热，狗会懒洋洋地躺在树荫底下，伸着大舌头，呼哧呼哧地直喘气，舌头下还不时滴着唾液，这是怎么回事呀？

难道狗在夏天就犯上了气喘病，上气不接下气吗？

其实不是。狗的这种现象很正常。狗的皮肤上没有汗腺，它的汗腺长在舌头和脚趾上。所以一到大热天，狗就要伸出舌头呼哧呼哧地直喘气，以此来散发体内的热量。原来，这是狗散热的一种途径呀。

85

缉毒犬会不会
对毒品上瘾呢？

缉毒犬是指经过专门训练，能够按照警犬训导员的指挥，在各种不同场所对不同的行李物品进行缉查，从中发现藏有毒品的物件的专业犬。

现在，缉毒犬在国内外早已被广泛地应用。缉毒犬以它特有的经济、快速、高效、准确的工作，被各级公安机关、海关、边防武警部队等部门列为查毒、禁毒的有力武器，并开始被广泛使用，而且已收到了显著的效果。

在警方的缉毒工作中，缉毒犬是不可或缺的。应该说缉毒犬在缉毒的工作中立下了汗马功劳。那么，这些缉毒犬天天嗅着毒品的气味进行训练，会不会因此上瘾呢？

在训练缉毒犬的时候，训练人员通常只会让它们嗅一嗅毒品，记住气味。训练完成之后，它们就能敏锐地从各种伪装物品中找出毒品。这是不是因为它们已经对毒品上瘾，所以变得特别的敏感？其实，这是不知内情的人的一种"想当然"。

缉毒犬对毒品的侦察能力，是训练师用奖励的方式，经过反复训练才练出来的。因为经验让缉毒犬知道，只要找到毒品，就能得到奖赏。

缉毒犬每天接触的是毒品遇水解后产生的特殊气味，以及生产毒品时伴有的酸味，这种特殊的气味即使被蜡丸密封，数小时之后也能透过密封口渗透到空气中。但该气味无毒无害，缉毒犬不会上瘾。

拍拍脑袋想一想

你知道什么样的犬可以成为缉毒犬吗?

在现实当中,并不是所有的犬经过训练都可以成为缉毒犬。选择受训的缉毒犬,应从搜毒犬的工作性质来进行考察,主要可以从下面几个方面入手:

第一,要求受训犬有着突出的衔取欲望和游戏欲望;注意力特别集中,兴奋性高而持久;有强烈的搜索物品的欲望。

第二,感觉器官要发达,尤其是嗅觉要很灵敏,视觉、听觉要完善;胆量也要足够大;在危险面前不能退缩,能够勇往直前。

第三,体型以中型为佳,不要过大;身体健康,发育良好,行动灵活,年龄在 1 岁左右为最好。

大多数的缉毒犬品种中,德国牧羊犬、比利时马林斯诺、昆明狼犬、金毛犬、史宾格犬、拉布拉犬多等,都是比较好的选择对象。

悄悄告诉你

你能读懂多少
狗的语言？

狗像人一样，也有喜怒哀乐，有时情绪高涨，有时情绪低落；有时兴高采烈，有时垂头丧气；有时也可能会发一点小脾气，要一要威风。不过，人类的情绪变化，主要表现在面部表情上和语言上，而狗则多表现在形体语言上，或者说主要表现在肢体语言上。

我们透过狗的肢体表现，可以解读出一些狗的语言。

当狗不高兴或情绪不好时，它会把耳朵向后平贴。这时，我们对它要敬而远之。

当狗心里害怕、忐忑不安时，它的尾巴不会像平时那样翘着，而是夹在两条腿之间。另外，狗在不想炫耀自己，或者要掩盖自己的气味时，也会表现出这个样子。

当狗有时像仆人一样，对主人点头哈腰时，就表明狗对主人没有任何的要求，表现出了狗谦卑的样子。

我们有时候会发现，狗低下头做出爬行的动作，同时不敢正视对方，舌头无目的地到处乱舔，甚至还出现滴尿的现象，就说明狗很敬畏你，感觉自己很卑微。

如我们看到狗除了夹住尾巴，低下头以外，它背部的毛还竖立了起来，就说明狗正在局促不安。它要在这种局促不安的局面下，来炫耀一下自己的势力。

狗尾巴的动作也是一种体态语言。一般在兴奋或见到主人高兴时，狗就会摇头摆尾，它的尾巴不仅左右摇摆，还会不断地旋动：尾巴翘起，表示喜悦；尾巴下垂，则意味危险；尾巴不动，显示不安；尾巴夹起，就说明害怕；而快速水平地摇动尾巴，则象征着友好。

当狗过度害怕时，就会从喉咙中发出低沉的吼叫声。对狗来说，恐惧和低吼是分不开的。

狗获得爱抚的方式也很特别。从出生时起，狗妈妈会让小狗四脚朝天，肚皮朝上，用舌头来舔小狗的肚子，刺激小狗排尿、排便。小狗很快就领会到这一姿势会得到母亲的关爱。于是，在日后与人的接触中，也学会了亮出肚皮，从而获得爱抚。同时，猫也有对主人亮出肚皮的习惯，这是它对主人友好的表示，因为谁也不愿意将自己最薄弱的地方对准敌人。想想看，是不是这个道理呀？

拍拍脑袋想一想

为什么狗喜欢相互闻对方的气味？

91

悄悄告诉你

　　只要是两只狗相遇，它们就会忙着先去闻对方的臀部。在我们看来，这很奇怪。但在狗家族里，这是有礼貌的问候形式，也是全世界狗家族普遍使用的方式。

　　狗可以通过闻对方的气味，来判断对方的性别、状态，甚至是否和自己合得来。应该说，气味代表着某些"个人"信息。狗臀部的分泌物所发出的气味就像是名片一样，是狗自我介绍的好形式。认知对方的性别和在群体中的地位，是狗在社交生活中不可或缺的一面。通过眼神的交流和辨别对方臀部、面孔等部位的气味，狗就会很快明白该怎么和对方相处和交流。

　　实在是太奇妙了，狗竟然可以用气味来识别对方、了解对方。

金丝猴怎么这样珍贵？

"身披一件金丝袍，聪明美丽惹人宠，手是脚来脚是手，爬高上树好威风。"大家一猜，就知道谜底是金丝猴。

金丝猴是举世闻名的珍贵动物，也是我国特产的珍稀动物，在国际上的名声非常响亮，几乎不亚于国宝大熊猫。

金丝猴身长约为 53 ~ 77 厘米，尾巴与身体的长度几乎一样，平日里拖着一条很长的尾巴。金丝猴浑身的毛发细如丝，十分光亮，体毛长达 33 厘米，如同披着一件金黄色的蓑衣，十分好看，因而得名金丝猴。金丝猴的脸庞呈蓝色，嘴唇宽厚，黑色的眼珠圆溜溜的，还有一只朝天翘的鼻子，人们根据金丝猴的这些形态结构特点把它们叫做"仰鼻猴"。金丝猴的动作敏捷，且性情机警，喜欢群居，前呼后拥，身体矫健地穿梭于茫茫林海之中。

每群金丝猴中都有一只猴王。猴王是种群的"领袖"，是经过激烈的"竞争"产生出来的，而且一定是一只经验丰富、身强体健的猴子。只有这样的猴子，才能承担起保护种群的重任。猴王也可以说是"竞争上岗"，是比力气、比智慧，个对个较量出来的。猴王的选拔一点儿也不含糊，是"能者上，不能者退"的自然法则的体现。

金丝猴之所以珍贵，主要有如下几个原因：

首先，金丝猴的皮非常珍贵。自古以来，就有人用金丝猴的皮制作袍褂，这不是一般人能穿得起的，而是王公大臣或者是地位显赫的人才有资格穿，也是一种特殊身份的象征。

其次，金丝猴的形态美观而又特殊。金丝猴的体形比较大，而雄猴则更大一些，体重一般在 20 ~ 25 千克，个别的"独猴"更大。1974 年，有人在四川的北部曾经猎获过一只雄金丝猴，它的体重达到 35 千克，再加上身上披着金黄色的长毛，一张天蓝色的面孔，中间一只上仰的鼻子，看起来整个模样既滑稽又可笑，十分惹人喜爱。

再次，金丝猴分布的地区一般比较狭窄，且遥远偏僻。它们栖息在高山峻岭中，人们难以到达，更难以捕捉。目前我国的动物园中饲养的金丝猴也很少。再加上金丝猴是国宝，禁止出口，国外的动物园至今还没有金丝猴的踪影。

金丝猴共有四种：川金丝猴、滇金丝猴、黔金丝猴和越南金丝猴。除了越南金丝猴外，其他三种都是我国特有的。因为金丝猴的数量都非常稀少，所以被国家列为珍稀保护动物。

由此可见，金丝猴的珍贵非同一般。

你相信吗，黔金丝猴比大熊猫还珍贵？

我国科研人员经过 10 多年的野外调查发现，黔金丝猴的野外种群数量十分稀少，黔金丝猴的数量大约仅为 750 只，比"国宝"大熊猫的数量还要少。

据悉，从 1974～2003 年，我国已进行了 3 次野生大熊猫数量的调查，数据分别为 2 459 只、1 114 只、1 596 只。通过数字的比较，黔金丝猴的珍贵就可见一斑。

被列为国家一级保护动物的黔金丝猴，头部圆，耳朵小，唇部肥厚而突出，它那一身灰色的长毛在阳光下闪闪发光。它背部的两肩之间有一块显眼的白斑，由于面部皮肤呈淡蓝色，因此得名灰金丝猴。贵州省东北部的梵净山，是黔金丝猴在世界上的唯一分布地。

由于数量稀少，黔金丝猴已被国际贸易公约列为濒危度最高的"E"级保护动物。

悄悄告诉你

金丝猴一年为什么要搬两次家？

95

金丝猴的类型共有四种，川金丝猴、滇金丝猴、黔金丝猴和越南金丝猴。前三种是我国特有的，后一种在越南也有分布，也就是中国和越南都可以见到它。

川金丝猴主要分布在四川西部和北部、甘肃南部、秦岭地区以及神农架地区，它们面孔呈蓝色，鼻子上仰，所以也叫"蓝面猴""仰鼻猴"。川金丝猴毛发较长，毛色金黄而柔软，在阳光下显得十分耀眼。它是家族中最漂亮的一种，也是传说中孙悟空形象的原形。

滇金丝猴主要分布在云南西部，生活在中国滇藏交界处的雪山峻岭之巅的高寒森林中。滇金丝猴的体背、体侧、四肢外侧、足和尾部都呈黑色，因此又叫"黑金丝猴"或"黑仰鼻猴"。幼小的猴全身为白色，随着年龄增长才能逐渐变成父母的体色——由白色逐渐变为黑色。

　　黔金丝猴是金丝猴中最珍贵的一种，分布在贵州梵净山区，数量十分稀少，因而也就显得异常珍贵。目前国内国外的动物园没有一家饲养或展出过这种金丝猴，所以绝大多数人也就难以见到它。它的体毛主要是灰褐色的，身上有许多灰白相间的白色斑点，当地人又把它称为"花猴"。因为黔金丝猴的尾巴又黑又细，有点儿像牛的尾巴，所以又被称为"牛尾猴"。

　　这三种金丝猴是我国的特产，都被列为国家一级保护动物，也是世界上著名的稀有动物。

　　金丝猴喜欢生活在树上，所以是树栖动物，偶尔也下到地面活动。金丝猴的栖息地一般在海拔2 000 ～ 3 500米的高山上。不过，金丝猴在一年四季中一般要搬两次"家"：每年的四五月间，气温稍微暖和，它们就会向海拔3 500米的高山森林处迁移，这次"搬家"主要是为了度过炎热的夏天；当天气寒冷时，它们又会向海拔2 000米的地方迁移，这是第二次"搬家"，以度过酷冷的寒冬。高山的低处要比高处的温度高，待在低处可以很轻松地度过寒冷的冬天。

　　一年四季里的气温各不相同，那么，金丝猴是怎么感知大自然的气温变化的呢？

　　原来，金丝猴对外界气温的变化比较敏感，它的敏感能力要远远胜过其他猴子。猴子的冷、热感受器成点状分布在皮肤上，而神经末梢又终止在皮肤上的那些冷热感受区内，所以猴子能及时对气温的变化作出反应。而金丝猴的冷热感受器密集地分布在皮肤上，程度远远高于一般的普通猴子，所以，金丝猴对外界气温的变化要比普通猴子敏感得多。况且金丝猴十分聪明伶俐，于是便想出了"搬家"的办法来度过炎热的夏季和寒冷的冬季。当山上与山下气温相差5℃时，聪明的金丝猴就会敏捷地感觉出来。

拍拍脑袋想一想

你知道金丝猴的"阿姨行为"吗？

金丝猴生活在海拔 2000～3500 米的阔叶林和针阔叶混交林中，怕酷暑、耐严寒，以家族方式结群生活，主要生活在树上，有时也会下到地面来寻找食物。金丝猴主要以野果、嫩芽、竹笋、苔藓植物为食，主食有树叶、嫩树枝、花、果，也吃树皮和树根，尤其喜爱吃昆虫、鸟和鸟蛋。金丝猴吃东西时喜欢吧哒嘴，看上去吃得十分香甜。

金丝猴的"阿姨行为"非常突出。只要有小猴子出生，猴姑娘、猴姐姐、猴阿姨们便会争先恐后地拥上来。它们会成天围着母子转，就像欣赏自己的孩子那样欣赏小宝宝，看不够时要抚摸一下，甚至还要把幼猴抢走，边跑便吻，没完没了。金丝猴家族的"女性"们都十分喜欢孩子。这种行为被称为"阿姨行为"。你看，"阿姨行为"多有趣呀。

悄悄告诉你

98

猴王是打
出来的吗？

99

动物园里的猴子每天都吸引着无数的观众，顽皮的小猴子爬铁链、荡秋千、转风车、照镜子，你追我逐，样子十分滑稽，常常逗得观众开怀大笑。

猴子喜欢群居，在野外常常是几十头甚至几百头聚集在一起活动。在一个猴群中，有一个猴大王统帅着整个猴群，指挥着整个猴群的一切活动，也可以说主宰着其他猴子的命运。如果让你从猴群中找出猴王，你有把握吗？

哎呀，猴王又没有贴着标签，怎么能从那么多猴子中挑选出来呀？

动物园里的猴王是最容易识别的。猴王是雄性的，体格强壮，毛色洁净发亮，目光炯炯有神，精神抖擞。猴王通常喜欢跃到猴山的山顶上，翘着尾巴，摆出一副趾高气扬、威风凛凛的样子，令其他猴子都臣服在它脚下。只要哪只猴子具备这些特点，保准是猴王。

那么，这样有意思的猴王，是大家推选出来的吗？

才不是呢。猴王是靠自己的能力坐上这个位置的。

　　动物靠什么能力为自己争取呀？那就是打斗，毫不客气地你撕我打，用牙齿咬，用爪抓，只要能够制服对方，什么招儿都可以使用。残酷无情也是争夺中必须具备的。力不从心者就会败下阵来，而胜利者往往称王称霸。

　　按照猴子"王国"的规矩，猴王夺得桂冠之后，便能主宰它统辖的这个猴群的一切事务。所有的雌猴都是猴王的"嫔妃"，所有的成员都要无条件地服从猴王的指挥。猴王上任之后，既要论功行赏，管理家族，安抚猴心；又要提防竞争夺位时的对手背后捣鬼；还要担心年幼的雄猴今后崛起争雄，威胁王位。当上大王，可真是万事如麻，忙得不亦乐乎。

101

　　猴子成了猴王后，手下的猴子就成了它的臣民，有好吃的猴王先吃，然后根据地位依次分享。猴群中的雌猴都是猴王的妃子，不能与别的猴子有染，否则就会被猴王打个鼻青脸肿，自找难堪。

　　当猴群中的雄猴发育成熟，力气逐渐变大，感觉可以战胜猴王时，一场猴王的争夺战就不可避免了。谁的力量强大，谁就是猴王！败者为寇，有时落败的老猴王会被新猴王赶出猴群，自生自灭。

　　猴王就是如此轮番诞生，一场猴王的争夺战就是力量的残酷较量。

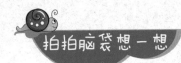

你知道日本猴子当猴王所要具备的条件吗？

日本科学家们经过对本地猴子的观察发现，做猴王必须具备这样的条件：

首先，要对猴群的安全立下过汗马功劳，比如在猴群陷入危难之际拯救过大家的性命。

其次，要将母猴和幼猴照顾得无微不至。没有绝大多数母猴的支持，是当不成猴王的。如果在位的猴王没有得到这种支持，就必须让出王位。

猴王在猴群中具有绝对的权威，所以它总是把尾巴竖得高高的，因为尾巴是它的旗帜，标志着它是猴群的总头目，猴群中的其他猴子是不可以把尾巴竖起来的。

悄悄告诉你

猴子能杀死鳄鱼吗？

鳄鱼强大无比，生活在水中，怎么会被猴子杀死？简直是天方夜谭。

是啊，论力气，猴子不是鳄鱼的对手，常有猴子被鳄鱼吃掉，葬身鳄鱼的腹中。猴子又怎么可能杀死鳄鱼呢？

在马来西亚，偶尔会发生猕猴智取鳄鱼的趣事。猕猴生性聪明机灵，鳄鱼生性凶悍残暴。但鳄鱼在猴子面前常甘拜下风，成为猴子的手下"败将"。

马来西亚的河流和湖泊的水边有不少树，几十只猴子常常臂抱臂、足缠足，结成一条"猴绳"，从高高的树上倒吊下来，故意向刚刚上岸的鳄鱼虚晃一下。刚开始，鳄鱼对这天上的"嗟来之食"并不感兴趣。可要是猴子再继续虚晃，饿极了的鳄鱼便忍不住"癞蛤蟆想吃天鹅肉"了，渐渐被猴子挑逗到岸边的树下，再慢慢被引上大树。鳄鱼尾巴很长，当它一步步向树上爬的时候，长长的尾巴便拖在下面。

103

鳄鱼毕竟长期生活在水中，一旦上了树，便"英雄无用武之地"了。于是，猴子趁机分工，上面的猴子继续挑逗，下面的猴子就偷偷用一根坚韧的青藤，把鳄鱼的尾巴一圈一圈地捆在树干上，随后再对鳄鱼的头部发动袭击。鳄鱼大怒，想出击，但尾巴又被捆着，庞大的躯体只有招架之功而无反击之力，最后终因抵挡不住，头从树上倒吊下来，再也不能翻回身去，只好"束手待毙"。就这样，几天之后，这条凶残的鳄鱼便被活活吊死了。猴子们靠着集体的力量，用智慧杀死了强大的鳄鱼。

拍拍脑袋想一想

猴子的屁股为什么是红的？

悄悄告诉你

猴子是极喜欢坐的动物，所以屁股常在地上蹭来蹭去，毛被磨掉后皮肤就露出来了。猴子屁股上的皮肤有一部分叫做性皮，这里分布着丰富的毛细血管。在平时不太显眼，但雄性一到发情期，由于雄性激素增多，血液循环加快，全身皮肤上的毛细血管，特别是性皮上的毛细血管和脸上的毛细血管血流量大，便清楚地显露出来，屁股呈红色。在这一时期，猴子不但屁股发红，而且脸也发红。据说，这是公猴向母猴发出的求偶信号，母猴见到后就会发情。大型的猴科动物狒狒，在发情期屁股不但鲜红，而且还发亮。

猩猩是动物界最聪明的动物吗？

　　动物界里有许多动物，体形大小不一，本领无所不有。在数量庞大的动物世界里，哪一种动物最聪明呢？

　　在动物园里，我们会看到猩猩会做些简单的动作，活像小孩刚学简单的动作一样，这让人觉得好玩又惊奇。难道猩猩是动物世界中最聪明的动物吗？

　　是啊，动物世界中最聪明的动物就是猩猩，一点儿也不错！

　　从外表来看，这主要表现在猩猩的身体形态结构上同人类最接近。众所周知，在动物学上，我们知道的猴、猿、猩猩都被划分在了一起，它们有一个共同的名字：灵长类，也叫灵长目。它们之所以被称为灵长类，是因为它们具备了一套独特的感觉器官，能够把触觉、味觉、听觉，尤其是色觉和立体视觉感受到的各种信息输入脑中；大脑接收外界的信息与日俱增，进而能够把各种信息分类排比，最终促进了智力的发展。这样的智慧，是任何其他动物都没有的，这也就是为什么我们把这类动物叫做"灵长类"的原因。灵长目是目前动物界最高等的类群，它们的特点是大脑发达；眼眶朝向前方，眼眶间的距离狭窄；手和脚的趾（指）

分开，大拇指灵活，多数能与其他趾（指）对握。

灵长类动物包括大猩猩、黑猩猩、猩猩和长臂猿。

大猩猩也被称为"大猿"，属于哺乳纲，猩猩科；体格魁梧，身高可达 1.8 米；前肢比后肢长，没有尾巴。经过驯养后的大猩猩能掌握一定的"手势语言"，它们主要分布在非洲西部和东部。

黑猩猩属于哺乳纲，猩猩科；直立时身高可达 1.5 米，身上的毛发是黑色的；面部呈灰褐色，没有毛；眉骨很高。黑猩猩生活在非洲森林中，喜欢群居，吃野果、小鸟和昆虫，是和人类最相似的高等动物。

猩猩又被称为"褐猿"或"红猩猩"，属于哺乳纲，猩猩科。猩猩身体的毛发是赤褐色的，身高可达 1.4 米。它的上肢很长，直立时可达脚踝，但没有尾巴和颊囊。猩猩头尖、眼小、耳小、口大，通常栖息在树上，白天出没。猩猩产于加里曼丹和苏门答腊的森林中。

107

侏黑猩猩是黑猩猩属的两种动物之一，和黑猩猩外表相似，但比起黑猩猩，它们较能直立，很多证据表明，侏黑猩猩的体形和黑猩猩没有多少差异，只是身形较为修长苗条，唯一较黑猩猩小的是脑容量。侏黑猩猩栖息于热带雨林，集群生活，每个群体大概生活着 2 ~ 20 只猩猩，由 1 只成年雄性猴率领。它们的食量很大，主要吃水果、树叶、根、茎、花、种子和树皮等，有些个体经常吃昆虫、鸟蛋或捕捉小羚羊、小狒狒和猴子。侏黑猩猩产于非洲刚果河以南，是一种濒临灭绝的动物。

　　在灵长类中，这几种猩猩归属于一科——猩猩科，这一科与人类在进化上和形态结构上，比其他科的动物更为接近。特别是猩猩，它们的大脑半球比较发达，大脑表面的皱褶也比较多。尤其是饲养的猩猩，可以学一些简单的动作，如用餐具进餐，用铲子挖土，用棍子打击入侵者等。想象一下，当猩猩穿着儿童的服装，骑着三轮小车那一本正经的样子，真是让人忍俊不禁。

　　在分类学中，今天的人类属于灵长目人科人属智人种。分析显示，与人类分家最早的是红毛猩猩，它在约1400万年前与人类分离，其基因组与人类的相似度高达97%左右；随后，在约1000万年前，大猩猩又与人类分离开来，它们的基因组与人类的相似度大约在98%；最晚与人类分离的是黑猩猩，时间在约600万年前，它们的基因组与人类最为相似，相似度高达99%。

现代基因分析证实了这个分离次序：猩猩与人类的基因相似度为96.4%，大猩猩为97.7%，侏黑猩猩为98.4%，黑猩猩为98.77%。另外，黑猩猩与侏黑猩猩之间基因相似度为99.3%。

人们通过测量发现，这些动物的脑容量大小排序分别为：大猩猩约500毫升，猩猩约400毫升，黑猩猩约350毫升。大型猿类平均脑容量为415毫升，是人类的3/10。

了不起，黑猩猩会使用工具！

109

黑猩猩大多生活在非洲的雨林深处和宽阔的草地上，与其他类人猿相比，它们的智商比较高，并容易接受教育。它们会制造简单的工具，并会使用工具，懂得用树枝、石块作为进攻的武器。黑猩猩会用石块砸开坚果的外壳，会用树叶去擦身上的泥土或粘在嘴上的食物，还会把树叶嚼碎，当做吸水的"海绵"，从树洞里吸水喝呢。

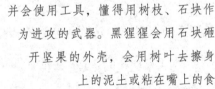

悄悄告诉你

为什么说大熊猫
是珍稀动物？

大熊猫是中国特有的动物，也是世界上最珍贵的动物之一。它的头又大又圆，躯干到尾巴部分是白色的，而四肢又是黑色的，好像穿了一件黑白交错的夹克衫。大熊猫的眼睛周围长着一圈"黑圆圈"，看上去像是戴上了一副黑框眼镜。它憨态可掬，十分逗人喜爱，难怪深受世界各国人民的喜爱。

大熊猫生活在海拔2 000～3 500米的高山竹林内，主要以竹子为食。因它始终保持着几十万年前的古老特征，没有多大变化，因而被称为"活化石"。

大熊猫之所以珍贵，还因为它数量极少。据统计，目前我国的野生大熊猫只剩下1 100只左右，主要生活在四川、甘肃和陕西一带的高山上，已被列为濒危动物。

早在200多万年以前，大熊猫已经是地球上的"公民"了。那时候，广东、广西、云南、贵州、四川、湖北等地的丛林中，都曾有大熊猫的影子。只是，在距今20万年前的更新世晚期，严寒的气候逐渐向南移动，大熊猫只好逃进了深山峡谷，分布范围逐渐缩小。再加上人类对大熊猫的捕猎，使幸存下来的大熊猫变得更加稀少。

大熊猫数量稀少，除了人为捕猎外，还有其自身的原因。

第一，大熊猫的食性单一。大熊猫只吃竹子，不吃其他植物，这也是大熊猫数量稀少的一个重要原因。食物太单一，没有竹子的地方，大熊猫就无法生存。据统计，一只成年的大熊猫每天平均吃50千克竹子，一年中吃掉的竹子有1.5万～2万千克。一旦没有竹子，大熊猫就难以生存了。尤其是当大熊猫生活的地区遇到竹子开花，这会给大熊猫带来灭顶之灾。竹子是有花植物，自然也要开花结果。由于竹子的大多数种类不像一般有花植物那样，每年开花结果一次，因此有人误认为竹子不开花。实际上，竹子也是要开花的，只是开花的周期比较长而已。竹子一旦开花后会成片枯死，造成竹林大面积死亡，大熊猫没有了食物吃，就会活活饿死，遭受灭顶之灾，数量的稀少也是必然的。

第二，大熊猫的繁殖率极低，这也是大熊猫数量稀少的一个重要原因。人熊猫发情期很短，一年中不过春、秋两次。雄性大熊猫的发情期大约持续30～40天，而雌性大熊猫只有8～20天，其中，高潮期仅2～3天。一旦错过了这一比较苛刻的受孕机会，雌性大熊猫便失去生育的机会。再加上大熊猫平素"孤芳自赏"，不相往来，到了发情期才漫山遍野寻找异性伴侣，结果当然可想而知，配对的机率很低。大熊猫的怀孕周期约为80～160天，每胎产1～2仔。并且，大熊猫受孕后产下的幼崽很难成活，其原因是幼崽全身无毛，身体比老鼠还要小，遇到各种不利因素时抵抗力低下，造成成活率极低。大熊猫宝宝到两个多月时眼睛才能看见东西，100天以后才能勉强爬行，因而往往由于寒冷、饥饿和敌害而夭折。大熊猫5～7岁性成熟，寿命为25～30年。这样的生育状况，导致要想提高它的数量十分艰难。

根据科学统计，有78％的雌性大熊猫不孕，有90％的雄性大熊猫不育，这就给大熊猫的繁殖带来了许多困难。

面对这种情况，大熊猫的数量少可想而知。可见，保护大熊猫刻不容缓。大熊猫现已列入我国第一类保护动物，而且也是全世界稀有动物中的重点保护对象。

大熊猫吃荤食吗？

大熊猫不光可以吃荤食，还有吃铁的习惯。四川省的《北川县志》把大熊猫称之为"食铁兽"。有关大熊猫吃铁的报道还真有。

另外，还有报道称大熊猫杀羊吃荤。

大熊猫在动物分类中属于食肉目动物，在几百万年的进化过程中，由于环境和食物来源的变化，最终它选择了以竹子为主。在茂密的箭竹林里，生活着一种很胖的竹鼠，专吃地下竹笋，破坏竹林，这会惹恼大

悄悄告诉你

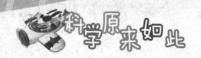

熊猫，对它们进行报复。当大熊猫发现竹鼠洞时，就用前爪使劲地拍打地面，逼竹鼠出来。如果竹鼠躲着不出来，它就挖洞"抄"竹鼠的家，吓得竹鼠夺路而出，被守在洞口的大熊猫一把抓住，当做美餐。在吃竹子的同时，大熊猫偶尔也吃竹鼠肉打打牙祭。

　　每到冬季大雪封山时，大熊猫也会捡食一些冻死的野生动物尸体，或下河谷走村访舍，捡食村民丢掉的一些猪骨、羊蹄或牛头吃，所以有人称它为吃肉的"素和尚"。在动物园里，工作人员会常给大熊猫喂点羊肉末和羊骨头的荤食。

　　可见，大熊猫还是保留着食肉动物远祖的一些性格。它现今改以食竹为主，是在长期的进化过程中，适应生活环境所造成的。

骆驼为什么能在
沙漠中长途跋涉？

骆驼以它奇特的长相博得了人们的喜爱。你瞧它，高高的脊梁上突出一个或两个大肉疙瘩，滚瓜溜圆的大肚子，尖尖的小耳朵，厚厚的嘴唇，小小的眼睛上还长着浓密的长睫毛。

人们把骆驼称为"沙漠之舟"，就是因为它有力气和耐力，有粗壮的身躯，修长的四肢，健壮的大腿，以及蹄下特有的弹簧似的肉垫，可避免陷于沙漠中。一只骆驼可以载200千克重的货物，每天走40千米，能够在沙漠中连续走3天。它空身时，每小时可跑15千米，连续18小时不停。所以用"沙漠之舟"来褒奖它，一点儿也不为过。

115

骆驼祖祖辈辈和沙漠打交道，练就了一身在沙漠中生存的高超本领。

骆驼在沙漠里行进时，有时候狂风四起，黄沙滚滚，天昏地暗。这时候，骆驼不慌不忙地卧倒，闭上眼睛，浓密的长睫毛就像一层厚帘子，挡住风沙，保护了眼睛。等大风过去了，它再站起来，抖掉身上的沙子，不声不响地继续前进……

夏天骄阳似火，在沙漠里行进，就像走在热锅上一样，寸步难行。然而，骆驼却一点儿也不在乎。它那宽大的蹄子走在沙漠上，像走平地一样，稳稳当当，蹄也陷不下，也感不到烫。原来，骆驼的脚底长着一层厚厚的角质垫，好像一只特制的"靴子"，一点儿也不怕烫。

茫茫沙海，水源奇缺，草木难生，然而，骆驼在这样的环境里却能十天半月不吃不喝，它怎么会有这样的耐渴耐饿的本领呢？

　　原来，骆驼能依靠呼吸、出汗和血液分配这三种办法来节约用水。

　　科学研究证明，骆驼巨大的口鼻部是保存水分的关键部位。骆驼的鼻子内层是蜗形卷，增大了呼出气体通过的面积；夜间，鼻子内层从呼出的气体中回收水分，同时冷却气体，使其低于体温 8.3℃之多，据计算，骆驼的这些特殊功能可使它比人类呼出温热气体节省 70% 的水分。

　　骆驼往往在夜间预先将自己的体温降至 34℃以下，低于白天正常体温，一般骆驼体温升高到 40.5℃后才开始出汗，而白天则需要很长时间，体温才能升到出汗的温度以上。这样，极少出汗，再加上很少撒尿，又节省了体内水分的消耗。

　　沙漠中死于干渴的人，多因血液中水分丧失，血液变浓，体热不易散发，导致体温突然升高而死亡。骆驼却能在脱水时仍保持血容量，它是在几乎每个器官都失去水分后，才丧失血液内的水分的。

　　有意思的是，骆驼既能"节流"，也注意"开源"。它的胃分为三室，前两室附有众多的"水囊"，有贮水防旱之功能。所以，一旦遇到水，它能足足喝上一顿，一次就能喝进 50 多千克，把水贮存在"水囊"中，并能把水很快送到血液中贮存起来，慢慢地消耗。

　　在沙漠中艰难地长途跋涉，需要储备足够的能量。在水草丰满的时候它能敞开肚皮进食，并把多余的养分贮存在驼峰中。驼峰中贮藏的脂肪相当于全身 1/5 的重量，骆驼找不到东西吃时，就靠这两个肉疙瘩内的脂肪来维持生命。所以说，驼峰真像是一个随身携带的"食品仓库"。

　　正因为骆驼具有这些特殊的功能，它们才能在茫茫的沙漠中长途跋涉，并且生存下去。

117

拍拍脑袋想一想

奇怪，骆驼高高的驼峰里藏着什么呀？

如果问你，骆驼最大的特点是什么呀？你一定会说，庞大的躯体上有一个或两个突出的驼峰。或许大多数人会感到奇怪，骆驼背上高高的驼峰里面究竟藏着些什么东西呀？难道是个大"水袋"？

悄悄告诉你

其实，驼峰就像仓库，里面贮藏着大量的脂肪。具体说来，驼峰里面含有蛋白质、脂肪、钙、磷、铁及维生素A、维生素B_1、维生素B_2和尼克酸等成分。

当骆驼在沙漠中长途行走时，常常又饿又渴，会消耗大量的能量，这时，驼峰内的脂肪就会氧化分解，将脂肪分解成身体需要的水分和营养物质。

有经验的人可以根据驼峰的大小，了解骆驼的一些信息：当骆驼背上的大包高高隆起时，说明骆驼营养库储备充足，可以长途跋涉；一旦大包下陷、平塌，这提醒人们注意，骆驼将要"粮"尽，体力已经大量消耗，不能继续远行，需要休息加食了。

长颈鹿不会
患高血压吗?

高血压对人类来说，是一种严重危害健康的疾病。假如有人血压达到 26.7 千帕，那他的处境就很危险了。

但是，动物中的大个子长颈鹿心脏泵压可达到 40.0 千帕，脑下部的颈动脉血压可保持 26.7 千帕。你一定感到十分惊讶！这样的数字，难道长颈鹿患高血压了吗?

才不会呢。如果长颈鹿没有这样的高血压，那恐怕真要生病了。长颈鹿以脖子长而著称，它平均身高 5 米多，光是脖子就长达 2 米，当它高高扬起脖子吃树叶的时候，头部的位置要比心脏高出 2.5 米，因此心脏要把血液送到高高的头部；而当长颈鹿低头饮水时，头部又低于心脏 2 米多，血流下注到低垂的头部，这样一上一下，心脏能经受得住吗?不必担心，长颈鹿有着自己的妙招儿。

原来，长颈鹿的心脏特别大，比一个篮球还大，重 11 千克，并且相当厚实，心壁厚达 7.5 厘米，因此具有强烈的收缩力。长颈鹿休息时每分钟心跳 100 次，比牛马等动物高 1 倍以上，每分钟输出的血量达到 60 升。它的心脏泵压有 40.0 千帕，头下颈动脉的血压保持在 26.7 千帕，毫不含糊地说，长颈鹿是地球上的"高血压"动物。只有这样高的血压

才能将血液输送到距地面高达四五米的头部，否则，长颈鹿会因头部供氧不足而"坏事"。

长颈鹿这么高的血压，特别是它饮水时，血液冲向大脑，大脑血管不会破裂吗？而当长颈鹿抬头时，头部不会缺血晕倒吗？

对此，也不必忧虑。长颈鹿大脑下部有血管网络，动脉和静脉分成很细的支状网，颈静脉中有一个多功能的瓣膜，血液上升，血压逐渐降低。血液进入大脑的时候，血压比心脏泵压低 14.7 千帕，和人的差不多了，而长颈鹿猛一抬头，大脑里的血液也只会缓慢流出，血液的"来"和"去"并不像人们想象的那样"猛烈"，它有着完美的适应结构。

因此，长颈鹿的血压虽然很高，但不会给自身带来危险，只会使血液流通更加畅通。

长颈鹿是哑巴吗？

悄悄告诉你

参观长颈鹿时，根本听不到长颈鹿的叫声。不光游客听不到，就是长颈鹿的饲养员也很难听到。难道长颈鹿是哑巴吗？发声需要声带，难道长颈鹿没有声带？

动物学家给长颈鹿做过解剖，发现长颈鹿是有声带的，只是声带发育不良，所以发出的声音十分微弱。再者，它的声音比较低沉，毕竟脖子长，气流冲击声带，想要发出声音可能困难一点。

根据动物园饲养员的介绍，长颈鹿虽然不爱"说话"，可是并不是哑巴。当它们寻找异性同伴，或者小长颈鹿呼唤妈妈，或者妈妈照料孩子的时候，也会发出哼哼唧唧的声音，有时候像呻吟，有时候像牛犊叫。虽然长颈鹿发出的声音很低，但能表达意思，同伴们会知道它在说什么。

121

马怎么总是站着睡觉？

只要你注意观察就会发现，马总是站着睡觉。即便是晚上睡觉时，马也是闭着眼睛站着的。这是怎么回事呀？

马站着睡觉是继承了野马的生活习性。原来，野马生活在一望无际的沙漠、草原地区，在远古时期，野马既是人类狩猎的对象，也是虎、豹、豺、狼等食肉动物捕食的对象。它也不像牛、羊那样头上有角，可以与敌害作斗争；又没有锐利的尖牙、利爪同敌人厮打。马只有蹄子，所以只有"三十六计——走为上策"，通过奔跑来逃避敌害。

然而，马的对手十分狡猾，时常埋伏在马的周围，待时机成熟后便悄悄接近，对马进行偷袭，出其不意向马扑去，使它成了食肉动物的腹中物。如果马躺在地上呼呼睡大觉，对不起，敌人来了，还没有等到它爬起来就会被袭击。

马白天不敢高枕无忧地睡觉，晚上也不敢懈怠，需时刻提防大型食肉动物的偷袭。这些动物往往白天睡觉，晚上出来活动，时刻威胁着马的生命安全。所以，晚上睡觉时，马也只好成群站着，一旦发现危险，会马上行动，撒开蹄子奔跑。谁跑得慢了，谁就有可能被袭击者吃掉。

在这样残酷的自然法则面前，马只好站着睡觉了，久而久之，习惯成自然，这种习惯也就一代一代遗传了下来。

现在的马都住在马厩里，再也没有豺、狼、虎、豹的袭击了，过着高枕无忧的生活，但时刻警惕的习惯已经形成，一般不会改变了，这也说明遗传有多强大的力量呀。

拍拍脑袋想一想

马的脚上为什么要钉马蹄铁？

悄悄告诉你

马是奇蹄动物，只有一个脚趾，而趾甲是它保护脚趾的组织，属于一种角质物，耐磨力并不太强。而马作为家畜，主要承担负重驮运的工作，对趾甲的磨损很大，一旦磨损严重了，就会伤害它的脚趾，马也就只能退休了。

这怎么办呢？后来，人们想出一个办法，在马的蹄子下钉一块铁，这就是马蹄铁，又称"马掌"，是马、牛等牲口钉在蹄上的铁制蹄形物。人们一般在马的蹄子上钉马蹄铁。

给马钉上马蹄铁，马不会疼吗？

不会。这对马不但没有伤害，还能保护它的脚。马的蹄子有两层构成，和地接触的一层大约有 2～3 厘米厚的坚硬的角质层。不过，马蹄和地面接触，受地面的摩擦、积水的腐蚀，会很快脱落，钉马蹄铁主要是为了延缓马蹄的磨损。马蹄角质层里面的一层可以生长产生新的细胞，补充角质层磨损的细胞。马蹄铁的使用不仅保护了马蹄，还使马蹄更坚实，不但不会影响马的奔跑速度，反而会加强马蹄的抓力，防止打滑，提升马的奔跑能力。

看马的牙齿就能
判断它的年龄吗？

在农村，有经验的牧马人掰开马的嘴巴，摸一摸，看一看牙齿，就能判断马是多少岁了。

这是怎么回事，难道牙齿还与马的年龄有关吗？

是啊，马的牙齿，就是马生长年龄的"记录仪"。

马的牙齿同其他的哺乳动物一样，分为切齿（门牙）、犬齿和臼齿。小马刚生下来时，有4只切齿，12只臼齿，一共有16只牙齿；4～6个星期后，又生出4只切齿；6～9个月后，又生出4只臼齿；10～12个月又生出4只臼齿。算起来，马到1周岁时，刚好生出28只牙齿；到2岁时，再长出4个臼齿。

马同人一样，长到一定时间也要换牙。它从两岁半到四五岁，切齿、前臼齿逐渐脱落，换上新牙，而后面的臼齿是不脱落的。这时，马的犬齿也相继长出来。到了6岁，马的牙齿全部出齐。母马一共有36只牙齿，雄马一共有40只牙齿。

只根据马门齿的数目和形状，就可以确定马的年龄。这是因为，在马的门齿咀嚼面上有个凹进去的窝，牧马人叫它齿坎。这个窝在上门齿

深近几毫米，下门齿有10毫米，由于不断切割草料，每年磨损约2毫米。

还有，门齿形状也随着年龄不断地变化。

现在，我们仔细看一看门齿。

3岁：6只乳齿，中间2只牙齿磨得比较深一些。

6岁：6只恒齿，门齿咀嚼面呈横扁形，雄性带有小的犬齿，不突出。

8岁：6只恒齿，呈椭圆形，雄性带有大的犬齿。

10岁：齿坎磨损严重，甚至消失。

15岁：咀嚼面呈立角形。

30岁：咀嚼面侧扁，呈细条形。

拍拍脑袋想一想

你会通过马的耳朵看出它的心情来吗?

动物的耳朵是一种听觉器官。可是，马的耳朵除了有听觉功能之外，还能够表达出喜、怒、哀、乐等各种心情。咦，耳朵怎么竟有这么多种功能呢?

马和人一样，有喜、怒、哀、乐，它能够通过耳朵的动作来表现喜、怒、哀、乐的心理变化。所以，马的耳朵总是在摇动。马的耳朵在摇动中，会传达出内心的各种心情。

当马"心情舒畅"的时候，耳朵是垂直竖起来的，耳根是垂直竖立的，耳根非常有力，只是时常微微地摇动；当马"心情不好"时，耳朵会前后不停地摇动；当马紧张的时候，就高高地扬起头来，耳朵向两旁竖立；当马感到疲劳的时候，耳根显示无力，耳朵倒向前方或两侧；当马恐惧的时候，耳朵就紧张地不停摇动，而且鼻子还发出一阵阵响声；当马兴奋的时候，耳朵一般都是倒向后方的。

所以，饲养员根据马耳朵的信息特征，再结合观察马的眼睛、鼻子及尾巴的动作，就可以准确地判断出马的各种不同"情绪"了。

悄悄告诉你

127

红色能使牛发怒吗？

在电影和电视里，我们有时可以看到斗牛的场面，身着华丽服装的斗牛士手执红披风朝牛一挥，牛就像着魔似的向他冲来，斗牛士便轻捷机敏地躲着，和牛周旋争斗，真可谓英雄好汉。在西班牙，这样的斗牛士是很多的，颇受人们称赞和尊重！

或许有人要问，牛为什么见到红布就会被激怒，暴跳如雷呢？难道红色能使牛发怒吗？这确实是一个饶有兴趣的问题。

有位好奇的动物学家，让斗牛士分别持黑色、白色和绿色等布条站到牛的面前，结果牛的表现都如同见到红色时一样。根据这个实验可以发现，牛并不是见到红色就会发怒，实际上，牛是名副其实的色盲。当然，这要从它眼睛的结构说起。

在哺乳动物眼睛的视网膜上，分布着两种视觉细胞，一种是杆状细胞，一种是锥状细胞。这两种视觉细胞通过光线刺激产生的神经冲动沿视神经传入大脑皮层的视觉中枢，从而产生视觉。杆状细胞是专门主管暗弱光线的，而锥状细胞则主要接受明亮光线。那位动物学家对牛眼的结构进行了详细研究，结果发现牛眼的杆状细胞很发达，而锥状细胞的

数量相当少，眼睛在光线很暗的情况下也能看见东西，即所谓"夜视眼"，具有夜行性，但是，暗弱光线的颜色模糊，所以牛是色盲。因此，牛不论是看到红色的布，还是看到其他颜色的布，都只能感觉到色泽的浓淡不一，而不能区分颜色本身的变化。

其实，红色刺激的并不是牛，恰恰是全场观众，因为红色能引起人的情绪的兴奋和激动，可以增强表演的效果，而牛在出场之前，总是被很长时间地关在牛栏里，变得暴怒不安，再加上红披风的晃动，它一出场，就会恶狠狠地找人报复。可见，牛与红色并无关系。

拍脑袋想一想

牛、羊的嘴巴为什么不停地咀嚼？

只要你留心观察就会发现，牛、羊等动物吃完草之后，会不停地咀嚼。这是怎么回事呢？

原来，牛和羊是反刍动物，如果你仔细观察就会发现，刚吃完草的牛和羊在一旁休息时，它们的嘴却还在不停地咀嚼食物，这种现象就是动物的反刍。牛和羊与一般的动物不同，它们有四个胃。它们刚吃进的食物经过食道进到第一个胃——瘤胃，在这里暂时储存食物，食物被水分和唾液浸软，等它发酵后，再返回口腔咀嚼。重新嚼过的食物进入网胃（蜂巢胃），然后进入重瓣胃，最后进入皱胃，这个胃会分泌消化液，食物在这里进行消化。所以，我们经常看到牛、羊吃完草还不停地咀嚼。

牛、羊等反刍动物的这种功能是对环境的一种适应。它们能在旷野里很快地吃饱食物，储存在瘤胃中，然后躲到隐蔽的地方，再返回口腔慢慢咀嚼，这样可以减少敌害的攻击，是一种自我保护。由于这类动物都具有复杂的反刍胃，能反刍食物，所以被称为反刍动物。骆驼、鹿、长颈鹿、羊驼、羚羊等都是反刍动物。

悄悄告诉你

牛为什么可吃草吃尿素？

牛吃草，是自古以来人们熟悉的事情，那么牛为什么要吃草呢？

草和各种植物的茎叶都含有大量的纤维素。你知道吗，纤维素是植物构成细胞壁的"建筑材料"，对于大多数动物来说，纤维素难以消化，吃后会随粪便排掉，然而，牛和其他食草动物却有对付纤维素的招儿。原来，它们靠的是一种叫做"纤维素酶"的生物催化剂。牛消化道里本来是没有纤维素酶的，而寄生在牛的消化道里的一些微生物，它们有纤维素酶，正是它们把牛吃的草分解消化变成营养。

131

剖开牛的消化器官，人们会发现一个特殊的腔室，叫"瘤胃"，这儿竟是一个活的微生物工厂，说来你可能不信，每 1 立方厘米的内容物中，平均有 150 亿～200 亿个微生物，它们把草料里的纤维素分解成淀粉和糖类，供养自身需要，而且微生物能迅速繁殖生长，陆续进入牛的蜂窝胃、重瓣胃、皱胃和肠道，然后又被牛消化掉，这样，微生物本身所含的葡萄糖、氨基酸、脂肪酸以及各种营养物质，便一古脑儿都被牛的机体吸收了。可见，没有微生物，牛是消化不了草料的。难怪有人说，牛吃的是微生物。

当然，微生物的生存也离不开蛋白质，植物的茎、叶里含有丰富的蛋白质，这就是微生物的蛋白质来源。有了纤维素，又有蛋白质，微生物的生存就没有问题了，牛当然也能活下去了。

尿素是给庄稼施肥的，怎么牛也能吃尿素，难道牛也需要施肥吗？

前些年，有人试着把尿素掺在饲料里喂牛，获得了意想不到的效果，1吨尿素竟让牛增产8 000～10 000升牛奶，或者1 800～2 100千克肉。尿素是农业上使用的化肥，它是蛋白质，分解时会产生有毒臊臭的物质。人和动物的便尿中，含有大量尿素，尿素进入牛的瘤胃，很快被尿素酶水解成氨，微生物利用氨合成蛋白质，于是，牛会得到额外的营养。当然，应用尿素掺在饲料里来喂牛时必须小心，如果用量过多，微生物来不及把氨完全分解吸收掉，会使牛中毒，得不偿失。要知道，尿素也不能单独使用，微生物必须依靠纤维素中的糖来获取能量。

　　科学家还试着用两种新的复合尿素来喂牛，一种是尿糖，即尿素和碳水化合物的合成物；另一种是磷酸尿素，能延缓尿素酶的作用，降低氨的毒性，这两者效果都比尿素好。

　　科学家们还在不断探索，他们建立了工厂，专门培养起了牛瘤胃里的那些微生物，就像在蘑菇房里种蘑菇那样，然后直接用培养出来的微生物喂牛。这种培养出来的微生物，不但可以喂牛，还可以用来饲养其他家禽和家畜。

133

拍拍脑袋想一想

乳牛为什么一天会产生那么多牛奶呀?

我们吃的奶粉、牛乳等,原料都是牛奶。牛奶是乳牛生产出来的。乳牛一天吃很多草料,每头乳牛一天要吃 70 ~ 90 千克草。一头乳牛一次能够挤出 20 多千克牛奶,一天可挤奶 3 次,一天最多产奶 60 ~ 80 千克。

那么,乳牛怎么一天会产这么多奶呢?

乳牛出生以后,14 ~ 18 个月发育成熟,经过交配受孕,280 天左右分娩,这同人怀孕到分娩的时间一样。分娩后,乳牛就开始产奶。如果在饲养、管理方面做得都比较好的话,母牛一年可产一胎,一生可产 10 胎以上,泌乳期几乎不断,只在每胎分娩前 2 个月停止挤奶一段时间,是为了让母牛养好身体,保证胎儿的正常发育。初产乳牛的年龄在 2 岁左右,由于身体还在发育中,所以产奶量较低。以后,随着年龄和胎数的增加,产奶量也逐渐增加。到 6 ~ 9 岁,产第 4 ~ 7 胎时,乳牛的产奶量达到一生中的高峰。10 岁以后,由于机体逐渐衰老,乳牛的产奶量又逐渐下降。

不过,乳牛虽然产奶量大,但也不容易,它付出了艰辛的劳动。

根据实验证实,一头中等产奶水平的乳牛,每合成 1 千克牛奶,需要 670 千克的血液流经乳腺。如果一头乳牛一昼夜生产 80 千克的牛奶,就需要 20 吨以上的血液流过乳房。合成的牛奶暂时贮藏在乳房里,难怪乳牛的乳房特别发达,一般高产的乳牛,它的乳房比低产乳牛的乳房要大 1 ~ 2 倍。

悄悄告诉你

大象长长的
鼻子有啥用？

提到大象，大家一定会想到大象有一个长长的鼻子。或许大家会问，大象怎么会长有一个长长的鼻子？大象的长鼻子有什么用呢？

大象祖先的鼻子没有这么长，体形也没有这么大。后来，为了适应环境，大象的躯体逐渐变得庞大起来，身体长高了，四肢长得像四根粗大的柱子，这样，它的头和地面之间的距离变得越来越远。象嘴和地面之间的距离变得远了可不行，这样吃不到草要饿死呀。于是，在长期的生存斗争中，大象的上唇也发生了变化，开始慢慢延长了，与此同时，上唇上面的鼻子也随之延长，这样，大象在拾取东西等活动中，长长的鼻子可以应付一切。而那些不适应环境的大象，因鼻子短无法生存，被大自然所淘汰。这样，生存下来的大象鼻子就逐渐长起来，形成现在这样的长鼻子。

135

如果你有机会观察大象，首先要注意观察它的鼻子。大象的鼻子与众不同，有一个指状的突起，这就是上唇的痕迹。这个指状的突起，具有和鼻子其他部分同样的肌肉，还分布着密密麻麻的感觉细胞。这些感觉细胞尽职尽责，感觉十分敏锐。在平时，指状物起

着触觉功能，在大象取食时，能够很好地协助鼻子把食物卷起，然后由鼻子送到口中。

大象的鼻子由几千块肌肉组成，既灵活又有力，可当"手"使用。大象的鼻子不仅可以灵巧地摘树叶，还能把大树连根拔起。大象还能用长鼻子吸水送到嘴里喝，还可用鼻子吸一些泥浆涂在身上，防止蚊虫叮咬。大象的鼻子嗅觉十分灵敏，还能记住对方的气味。

或许大家还记得大象用长长的鼻子吸水喷到自己身上的情景吧。大象为什么要这样做？

这很好理解。这样既可以避免皮肤过于干燥，同时也可以起到驱赶吸血昆虫的作用。

话又说回来，大象用鼻子吸水，难道不会吸到肺里引起呛水现象，

甚至溺水死亡吗？呵呵，大象才不会干这样的蠢事呢。它的鼻子有着吸水的结构和功能。

大象和其他的动物一样，气管和食道是相通的，但在鼻腔后面有一块"阀门"般的软骨。当大象用鼻子吸水时，水会随着吸力进入鼻腔，在大脑中枢神经的支配下，喉咙部位的肌肉就会收缩，促使食道上方"阀门"般的软骨迅速将气管口盖上，水就会由鼻腔进入食道，绝对不会进入气管，也就不会进到由气管连通的肺部，压根不会发生呛水和溺水的事故。当它将水重新吐出后，软骨又会自动张开，以保证呼吸的正常进行。当然，对大象来说，这种动作十分协调，准确率达到百分之百。

大象真的怕小小的老鼠吗？

小朋友在下动物棋时，会发现一个奇怪的现象，老鼠能够吃掉大象。真是不可思议。难道现实生活中，老鼠真的会吃掉大象吗？换句话说，大象真的怕老鼠吗？

其实，动物棋真是阴错阳差，竟把这个问题给弄错了。

从大象与老鼠的身躯来看，大象不知比老鼠大多少倍呢，又怎么会怕老鼠呢。

老鼠见到大象要躲着走，即便是老鼠钻到大象的鼻子里，大象只要呼气，就会把老鼠吹得老远。

悄悄告诉你

大象的牙齿
怎么那样长？

　　小朋友对大象最深的印象是什么？一般提到大象，大家都会说大象的牙齿最长，也可以说是动物世界之最。那么，大象长有长长的牙齿有什么用？

　　大象长的牙齿是门牙，只有上颌才有门牙，下颌是没有的。不过非洲象的牙齿特别长，而雌象雄象的牙齿都一样。亚洲象的门牙比非洲象的小，雌象的门牙则更小些。

139

　　大象的牙齿之所以那么大，是因为大象的牙齿没有齿根，它能够像老鼠的牙齿一样不断地生长，只是老鼠要不断地磨牙，而大象不用磨牙，任其自然生长，还不脱落，远远地伸出口腔外，成为防御工具的獠牙。亚洲象最长的门牙可达 1.8 米。此外，口腔的里边还长有 6 个臼齿。大象初生的乳齿约在 2 岁时脱落；换上的第二个乳齿在 6 岁落下；第三个乳齿长出后，在 9 岁时"退休"；第四个牙齿长出时 20 岁；第五个长出时 25 岁，还是个年轻力壮的"小伙子"，到 60 岁落下；第六个是恒齿，长出后不再更换。

　　大象怎么会长有长长的牙齿呢？

　　这是大象与生活环境相适应的结果。想想看，大象没有别的工具，要折断树干，需要牙齿的帮助；要挖掘树根，或要吃坚果中的核仁，怎么办？也需要牙齿帮助；面对沼泽的地面，能不能支持住大象而不陷入里面呢？这也要靠牙齿。哦，这就怪了，牙齿怎么会知道地面能不能支持大象的体重呢？

　　原来，大象的牙齿还有着另一种功能，遇到沼泽的地面，它把长牙插入地中，就知道自己会不会陷入地中。这是大象同自然环境斗争所获得的能力。

　　了解了这些情况后，你说大象没有长长的牙齿行吗？当然不行。

拍拍脑袋想一想

大象的一对大耳朵有啥用呢?

悄悄告诉你

141

大象的体积特别大，因生命活动产生的热量也特别多。温度过高或过低对生命活动都有影响。除了身体正常的调节体温外，大象的耳朵起着举足轻重的作用。

原来，大象的耳朵不仅大，而且薄，里面充满了密密麻麻的毛细血管，血液流经这里，很容易就把热量散发了。当大象将耳朵扇动起来时，更容易把耳朵里的血的温度快速降下来，能让血温降低5℃，冷却的血液在体内循环，帮助把全身的温度降下来。难怪，天气热时，大象扇动耳朵的次数会多起来，如同一把扇子，摇了摇，扇呀扇，体温就会降下来。等到早晚温度比较低的时候，大象会把耳朵紧紧地贴在肩上，这样又可以减少身体热量的散失。由此可见，大象的耳朵是作为散热器进化而来的。

当然，大象的耳朵还具有许多其他的功能，例如扇动起来驱赶蚊虫，遇到敌情时张大耳朵进行示威等。大象的耳朵真是了不起呀。

非洲象怎么会喜欢吞食岩石？

据说大象喜欢吃岩石。有没有搞错呀？

是啊，大象吃岩石，听起来真有点不可思议。不过，我们不要拿自己的观点去衡量动物。

东非肯尼亚的艾尔刚山区，每年到了干旱季节，成群结队的非洲象会朝着山上的岩洞进发，它们走过狭小的通道，来到阴暗而潮湿的中央大洞，举起长长的象牙，对着洞壁上的岩石"嘭嘭"地敲起来，"哗啦"一声，岩石经不起象牙的敲击而撒落到地下，大象则高兴地用鼻了卷起岩石块送到嘴里，"嘎嘣，嘎嘣"，一块一块津津有味地吃起来。吃完后，大象们休息一会儿，头象发出集合的号令，又浩浩荡荡列队走出岩洞。

这就奇怪了，大象为什么要来岩洞吃岩石呢？

大象是植食性动物，是吃植物的，怎么会对岩石感兴趣呢？

原来，非洲植物中含有的硝酸钠盐很少，而艾尔刚山的岩石里正好含有这种盐，含量还是当地植物的 100 多倍。大象的生理活动需要适当的盐分，吃食物远远不能满足大象的生理需要，怎么办？大象在长期的生存斗争中，知道这里的岩石里含有它们需要的盐分。于是，大象在干旱的季节里，因身体大量出汗，还有唾液的分泌，消耗了比较多的盐分，当身体需要盐分时，它们就会成群结队来到艾尔刚山找岩石块吃。经过漫长的变化，大象常年累月对岩石进行敲打吞吃，将这里的岩石敲打成了一个一个的大洞，创造了独特的进食奇观。

　　哦，大象吃岩石，原来是给身体补充盐分呢。

143

拍拍脑袋想一想

有些动物也爱用舌头舔食岩石，这是怎么回事呀？

悄悄告诉你

　　大自然中，不少野生动物有喜欢舔食岩石的习惯。野生的羊，比如扭角羚、岩羊，都会舔食岩石。这是怎么回事呀？难道岩石里有什么好吃的东西吗？

　　原来岩石上会渗出硝酸盐，尤其是在下雨的时间，渗出的会更多，动物更会抓紧时间去舔食。硝酸盐是这些羊生长过程中不可缺少的。因此，它们要舔食岩石，从中获取身体所需要的硝酸盐。

　　不仅羊类动物会舔食岩石，食草动物鹿类也有舔食岩石的习惯。它们如果不去舔食，一旦体内缺乏这种盐分，抵抗力就会降低，身体就会患病。在爬行动物中，也有舔食盐粒或岩盐的现象，道理都是一样的。

　　从冬眠中醒来的熊也喜欢舔食岩石，也是为身体补充盐分，也就是补充无机盐，来满足身体的需要。

　　是啊，动物为了生存，练就了奇异的本领。否则，它们就会患病，被大自然所淘汰。

144

大象为什么喜欢
往身上涂泥沙？

　　我们在海边洗澡时，有时会把沙子涂到身体上，觉得好玩，或者说是在洗沙浴。你可知道，大象也有这个习惯。在炎热的夏天，大象会走到水里洗起澡来，也会将身体洗得干干净净。让人想不到的是，大象还会用长长的鼻子将一些泥沙涂到身体上，弄得身体脏兮兮的。

145

大象这是在干什么呀？身体弄得那么脏，多难看呀！

在我们眼里，大象在洗得干干净净的皮肤上弄上泥巴，的确不好看，但对大象来说，这很有必要，这也是它生存的需要。

哦，怎么涉及生存问题了？

大象的皮肤很厚，有点儿像"铜墙铁壁"，似乎不怕动物对它的皮肤下"毒手"，更不用怕昆虫的叮咬。但是，只要你再仔细观察一下就会发现，大象的皮肤虽然很厚，但有不少皱褶，皱褶处的皮肤较薄，布满了毛细血管。有些吸血昆虫如蚊子、虻类、螫蝇等，它们的口器很厉害，专找大象皱褶的皮肤下口，吸毛细血管里的血，弄得大象的皮肤又疼又痒。再加上刚洗完澡后，皱褶里的毛细血管会更加扩张一些，还能够发出大象特有的一些气味，这更会吸引吸血昆虫的光顾。怎么办？唯一的好办法就是往身上涂抹泥沙或泥巴，给皱褶的皮肤涂上一层"保护层"。大象刚洗完澡时皮肤湿润，恰好容易粘住泥沙，从而避免吸血昆虫的叮咬，同时还可以遮挡阳光，避免阳光的直射。这种方法既简单又有效，应该说是大象的一种聪明之举，省去驱赶昆虫的烦恼。

拍拍脑袋想一想

为什么有些动物喜欢往身上涂泥巴？

每年的 2 月 2 日，是巴西的狂欢节。在巴西东南部的小城帕拉蒂，当地居民都会在这一天去海滩涂泥巴过节。人们在身上涂满泥巴，认为海泥富含矿物质，涂在身上有美白皮肤、强身健体的功效。

对动物家族来说，除了大象喜欢在身上涂泥巴外，犀牛、水牛等动物都有穿"泥衣"的习惯。每到黄梅天气时，犀牛、水牛会到泥潭里打个滚，自然浑身会穿上"泥衣"，来防止各类昆虫的叮咬。

鸵鸟有自己"独步武林"的一套绝学——翻跟头，只要它在沙地里打几个滚，洗上个沙土浴，寄生虫就会站不住脚，纷纷从它身上跌落下来，这招也够狠的。更绝的是，鸵鸟喜欢在沙地上挖出一个洞来，把自己的整个脑袋都埋进去。

不明真相的小朋友或许会问，鸵鸟是要自杀吗？

才不是呢！看起来鸵鸟的这个动作有点笨，似乎还带点蠢，不过，这只是我们对鸵鸟的评价。对鸵鸟来说，这个动作十分必要。要知道，鸵鸟的头上没有毛，脑袋及脖子会被昆虫叮咬，又疼又痒，怎么办？将脑袋和脖子往沙里藏起来，一切都可以 OK！

家猪也喜欢"泥浴"。盛夏时节的家猪，有时会跑到河边或水坑的泥浆里，身上粘上泥巴，然后到水中洗刷。这样做，不但可以降温，还可以消灭身上的寄生虫。

悄悄告诉你

147

老虎身上怎么有
那么多的条纹？

大家知道老虎身上有许多条纹。老虎身上"穿"的条纹衣是为了好看吗？当然不是。

老虎身上的条纹是为了与周围所生活的环境相一致，这样就不易被发现，这在动物学上被称为是保护色。

从老虎身上的保护色我们可以这样推断，老虎的祖先最早是生活在草深林密和河边芦苇丛生的地方。在这样的地方，老虎身上的黄色和条纹就会发挥作用，起到保护色的作用。这让我们想到在丛林中伪装的士兵，身上穿上花花绿绿的迷彩服，脸上抹上几道色彩，这样可以让敌方难以发现。

还有，我们在青草丛中看到的蝗虫是青色的，而在枯草色的草中看到的蝗虫是枯草色，这也是昆虫的保护色。老虎也需要保护色。老虎身上的条纹，可以起到模糊身体轮廓的作用。

老虎皮毛的颜色基本上是黄色的，腹部和四肢内侧是白色的，全身有许多黑色和褐色的条纹。当然，不同地区的老虎，因黄色的深浅、白色的多寡、条纹的宽窄疏密、体型大小和毛的长短等不同，而被分成不同8个亚种。最原始的是华南虎；最大的虎是西伯利亚虎，又叫东北虎；还有西亚虎、东南亚虎、苏门答腊虎、爪哇虎、巴厘虎；毛色最鲜艳的是孟加拉虎。

或许有的小朋友会问，老虎的保护色是自愿产生的吗？

当然不是，老虎的保护色同其他动物的保护色一样，是经过千万年来大自然选择的结果。那些适应环境，体色同环境相一致的老虎不易被发现，得以生存下来；而那些容易被发现的老虎就会被淘汰。换句话来说，就是哪些动物本身的颜色、花纹有利于它们长远生存，哪些动物就会生存下来。如果不利于它们长远生存，那么这些动物就会被淘汰。大自然就是这样残酷无情，适者生存，不适者被淘汰。

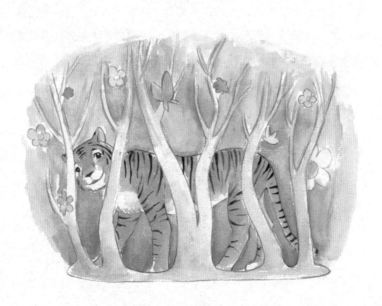

为什么把老虎的尾巴说成是"钢鞭"？

悄悄告诉你

　　老虎被称为"百兽之王"，它有两件武器，一是尖利的牙齿，二是尾巴。老虎的牙齿并不多，只有 28～30 颗，但每颗都很锐利，都能切割皮肉。犬齿从齿尖到齿根可以长到 8 厘米，各种动物皮肉都能被咬破；白齿上还有锐利的齿尖，可以咬烂坚韧的兽皮。还有，老虎舌上还有许多舌刺，可以像锉刀一样舔除骨头上的肉。老虎有又长又粗的尾巴，长长的尾巴可以一直拖到地上，独来独往。当老虎捕食时，一旦捕空，会随后摇动尾巴，像钢鞭似的狠狠扫向对方，如果是小动物就会被打晕在地，成为老虎的美餐。老虎的尾巴概括起来可有如下作用：奔跑、跳跃、打斗；捕食时保持身体平衡，用以打击苍蝇、豺等小动物，供小虎们练习本领。当老虎奔跑过热要洗澡时，会用尾巴沾水浇身使身体降温，再跳入水中洗澡。老虎特别喜欢水，可以在河里游 500 米远呢。

东北虎怎么会沦落到濒临灭绝的境地？

虎是一种大型食肉猛兽，人们不仅用"谈虎色变"来形容它的凶猛残暴，而且还奉送它一个"森林之王"的美称。

虎为亚洲大陆的特产，从西伯利亚到南洋群岛，都有它们的踪迹。在老虎的家族中，有8个堂兄弟，动物分类学称为8个"亚种"。我国有3个亚种，东北虎、华南虎和南亚虎。

东北虎是现存虎种中最大的一种，它体魄雄健，色泽美丽。由于东北虎只生活在俄罗斯远东地区、朝鲜北部和我国黑龙江、吉林境内等较寒冷的地区，有着一身亮而厚密的橙黄或金黄色带黑条纹的皮毛，所以东北虎是国内外有名的观赏动物。

根据2006～2007年野生东北虎数量调查显示，黑龙江省存在的野生东北虎数量约为12只，吉林省的数量则为8～10只左右。综合数据判断，中国境内尚存野生东北虎数量约为20只。而在与中国毗邻的俄罗斯远东地区，目前有430～500只野生东北虎栖息。从边境地区野生东北虎频繁出现的迹象判断，可以确定野生东北虎经常穿越中俄边境。

为什么这样一种珍贵的动物会到濒临灭绝的境地呢?

东北虎的经济价值极高,肉和内脏可入药,治疗多种慢性疾病,一只成年虎的价值相当于30多张黑貂皮,也是因为这样,东北虎遭到了无情的捕杀。东北虎的繁殖率也较低,它的寿命一般为25年左右,三四岁时性成熟,每年12月至翌年2月发情,怀孕期105 ～ 110天左右,每胎一般产三四只仔。幼虎吮吸母虎乳汁长大,要跟随母虎一二年才能够独立生活。想想看,人们对东北虎的捕杀率大大超过它的繁殖率,这是东北虎濒临灭绝的直接原因。

滥伐森林、乱捕乱杀野生动物，严重地破坏了生态平衡，也是造成东北虎濒临灭绝的另一个重要的间接原因。我们知道，森林是虎的生存环境，在这个环境中也包含着虎的猎食对象——野猪、鹿等。近年来由于偷猎者甚多，致使虎的猎食动物也大为减少，因此，维持野猪、鹿等有蹄动物与虎之间的生态平衡是很重要的。据考查，在一只东北虎的领地内，应当有不少于 150 只野猪和 180 只鹿。老虎只要吃饱了，并不会主动攻击人和牲畜。缩小了生活区域，削减了食物来源，东北虎能不濒临灭绝吗？据了解，东北虎主要分布在中国东北和俄罗斯西伯利亚的寒冷地带，国际野生动物基金会将其列为"世界十大濒危动物之一"。

令人欣慰的是，目前世界上最大的东北虎野生自然保护林园——黑龙江哈尔滨东北虎林园，打造了"千虎之园"。1986 年，中国在黑龙江省建立了世界最大的东北虎人工繁育基地，建立之初仅有 8 只种虎。经过二十余年的发展和探索，到了 2009 年末，基地东北虎的数量已达到 900 余只。截至 2011 年 4 月 21 日，这个世界上最大的东北虎人工饲养繁育基地所拥有的东北虎已经突破千只，成为名副其实的"千虎之园"。

东北虎人工繁育工作的成功之处，不仅体现在东北虎数量的增多，而且更体现在优秀种群的培育上。基地将从千余只东北虎中选择优秀个体，建立优秀保护种群，进一步开展野化训练工作，不断提高东北虎野外生存能力，为最终"放虎归山"打下深厚基础。

每逢冬季大雪封山，野生东北虎捕食猎物难度加大，特别是幼崽生存面临挑战。这时，中国野生动物保护部门就会在东北虎栖息地设立更多野外捕食点，增加其猎物的数量，让东北虎不再"缺食少粮"。

因此，保护野生动物，保护东北虎已是我们义不容辞的责任和义务！

老虎的耳朵有什么奥秘吗？

大家都知道，老虎有两只耳朵。那么耳朵有什么用呢？听声音呗。

是啊，耳朵是用来听声音的。老虎的耳朵对高音波很敏感，同时也是传递信息的工具。它们听力绝佳，特别是对高频率音波，可达 70 000 赫兹，人类耳朵能听到的声波频率为 20～20 000 赫兹。当声波的振动频率大于 20 000 赫兹或小于 20 赫兹时，我们便听不见了。老虎两耳还可随声音来源转向，因此像老鼠发出的细吱叫声或钻动的窸窣微响，在它们听来是再清楚不过了。

不过，老虎的耳朵除了听声音外，还有着重要的信息作用哩。

当老虎的耳朵竖起或贴在后面时，会表达不同的心情。当老虎耳朵后面的白斑随着耳朵的转向而摆动时，就是在警告对方："离我远一点！我烦！"

悄悄告诉你

154